Bibliografische Information der Deutschen Nationalbibliothek:

Die Deutsche Bibliothek verzeichnet diese Publikation in der Deutschen National-
bibliografie; detaillierte bibliografische Daten sind im Internet über http://dnb.d-
nb.de/ abrufbar.

Impressum:

Copyright © 2010 GRIN Verlag
Druck und Bindung: Books on Demand GmbH, Norderstedt Germany
ISBN: 9783656337867

Dieses Buch bei GRIN:

https://www.grin.com/document/206269

Jennifer Dreiling

Radiometrische Messungen der Detfurth- und Volpriehausen-Formation der Bohrung Groß-Buchholz GT1 im Projekt GeneSys

Vergleich von Bohrkern- und Bohrlochmessungen zur Teufenkorrelation

GRIN Verlag

Radiometrische Messungen
der Detfurth- und Volpriehausen-Formation
der Bohrung Groß-Buchholz GT1 im Projekt GeneSys

Vergleich von Bohrkern- und Bohrlochmessungen zur Teufenkorrelation

Bachelorarbeit

Geowissenschaften, Bachelor-Studiengang
Leibniz Universität Hannover

Jennifer Dreiling

Bearbeitungszeitraum: 15.06.2010 – 07.09.2010

Danksagung

Zunächst einmal möchte ich mich bei Dr. Thomas Wonik und Prof. Dr. François Holtz bedanken, dass sie die Aufgabe der Betreuung meiner Bachelorarbeit übernommen haben. Meine Fragen wurden stets beantwortet.

Besonderen Dank gilt Herrn Matthias Halisch, der mir stets seine Hilfe anbot und den Fortschritt der Arbeit durch ständige Diskussionsbereitschaft und großzügige Unterstützung förderte.

Weiterhin möchte ich Herrn Gerd Röhling und dem LBEG u. a. für die Bereitstellung der Messgeräte und des Fachwissens danken. Ebenso Frau Judith Orilski, Frau Michelle Dreiling und Frau Juliane Herrmann für ihr Interesse und die kreative Hilfe. Sowie allen anderen Mitgliedern der Sektion Gesteinsphysik und Bohrlochgeophysik des LIAGs für die gute Zusammenarbeit.

An dieser Stelle möchte ich weiterhin allen danken, die zur Entstehung dieser Arbeit beigetragen haben. Für das Interesse, das Wissen, die Motivation sowie die gute Zusammenarbeit.

Inhaltsverzeichnis

Abbildungsverzeichnis

Abkürzungs- und Symbolverzeichnis

API	American Petroleum Institute
BGR	Bundesanstalt für Geowissenschaften und Rohstoffe
Bq	Becquerel
cps	counts per second
GB	Groß-Buchholz
GeneSys	Generierte geothermische Energiesysteme
GR	Gamma Ray
GRS-K	Gamma Ray selektiv – Kalium
GZH	Geozentrum Hannover
LBEG	Landesamt für Bergbau, Energie und Geologie
LIAG	Leibniz-Institut für Angewandte Geophysik
Ma	Millionen Jahre
MWD	Measurement While Drilling
SEV	Sekundärelektronenvervielfacher
smD, 1 – smD, 2	Kleinzyklen der Detfurth-Formation
smV, 1 – smV, 4	Kleinzyklen der Volpriehausen-Formation

A	Aktivität
A_0	Ausgangsaktivität
$f(x)$	hier: Wahrscheinlichkeitsdichte, mit x = Szintillationen pro Zeit
I	Impulsrate
I	Intensität
I_0	Ausgangsintensität
N	hier: Menge des radioaktiven Elements
N_0	hier: Ausgangsmenge des radioaktiven Elements
T	Halbwertszeit
t	Zeit
ε	Zählausbeute bzw. Wirkungsgrad
λ	Zerfalls- bzw. Umwandlungskonstante
μ	Mittelwert
σ	Standardabweichung
τ	Lebensdauer

1 Einleitung

1.1 Zielsetzung der Arbeit

Radiometrische Messungen sind wichtiger Bestandteil von Bohrkernuntersuchungen. Mit ihrer Hilfe können tonhaltige und tonfreie Schichten unterschieden werden. Markante Schichtpakete und Sedimentlagen werden aufgezeigt. Spektrale Messungen geben Auskunft über die Menge der im Gestein vorkommenden γ-Strahler wie Kalium, Uran und Thorium. Weiterhin können Tonminerale identifiziert werden.

Die vorliegende Arbeit steht im Verbund mit dem Geothermie-Projekt GeneSys und der Bohrung Groß-Buchholz GT1 (GB GT1) in Hannover. In dem Projekt soll die geothermische Nutzung von geringporösen Sedimentgesteinen realisiert werden. Bevor jedoch geothermische Energie genutzt werden kann, müssen der Untergrund erkundet und die Sandsteinschichten von Formationen, die mögliche Ziel- und Re-Injektionshorizonte darstellen, identifiziert werden. Diese werden später durch Erzeugung künstlicher Risse hydraulisch miteinander verbunden, sodass eine geothermische Nutzung möglich ist.

Im Rahmen der vorliegenden Arbeit werden die aus der Bohrung GB GT1 entnommenen Bohrkerne der Detfurth- und der Volpriehausen-Formation (Mittlerer Buntsandstein) auf ihre radiometrischen Eigenschaften hin untersucht. Es werden sowohl integrale als auch spektrale γ-Messungen durchgeführt. Sandstein-, Tonstein- und Wechsellagerungsschichten werden identifiziert, um ein lithologisches Profil der Kernstrecke zu erstellen.

Anhand der aufgenommenen γ-Messkurven und der Lithologie wird eine Korrelation zwischen Bohrkernteufe und Bohrlochteufe durchgeführt. Die Korrelation bestimmt den Versatz zwischen den Teufen, welcher die gezielte Umsetzung von z. B. Frac-Arbeiten im GeneSys-Projekt bzw. in der Bohrung GB GT1 ermöglicht.

1.2 Das GeneSys-Projekt

Die Abkürzung GeneSys steht für *Generierte geothermische Energiesysteme*. Ziel des Projektes ist die geothermische Nutzung von geringporösen und wenig durchlässigen Sedimentgesteinen zu realisieren. Der Wärmebedarf des Geozentrums Hannover (GZH) mit ca. 35000 m² Büro- und Laborfläche sowie etwa 1000 Mitarbeitern soll durch die Geothermie-Bohrung gedeckt werden.

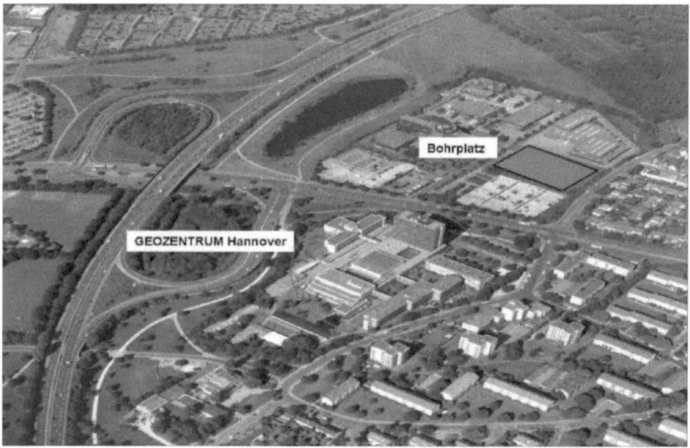

Abbildung 1: Luftbildaufnahme des Geozentrums und des Bohrplatzes (Quelle: BGR)

Der Aufbau der Bohranlage und das Einrichten des Bohrplatzes in Groß-Buchholz begann Anfang Juni 2009. Eine neu entwickelte, geräuscharme Bohranlage (Innova Rig TI 350) für innerstädtische Bereiche wurde verwendet, da sich angrenzend an den Bohrplatz ein Wohngebiet befindet. Bereits Ende Juni begannen die Bohrarbeiten. Zielhorizont war der Mittlere Buntsandstein, welcher am Standort der Bohrung einen Tiefenbereich (Saigerteufe) zwischen 3420 m und 3670 m bzw. einen Teufenbereich (Bohrteufe) zwischen 3440 m und 3710 m sowie Temperaturen zwischen 130 °C und 160 °C einnimmt. Die Endteufe von 3901 m wurde im November 2009 erreicht.

Insgesamt wurden fünf Bohrkerne aus Formationen entnommen, die mögliche Ziel- und Re-Injektionshorizonte darstellen könnten. Sie stammen aus der Detfurth- und der Volpriehausen-Abfolge (Mittlerer Buntsandstein) sowie aus der Wealden-Formation (Unterkreide).

Im laufenden Jahr werden Tests für die geothermische Reservoir-Erschließung stattfinden. In den Sandsteinen des Mittleren Buntsandsteins soll mittels Wasserfrac-Technik ein künstliches Riss-System als Wärmetauscherfläche geschaffen werden. Die Ergebnisse umfassender

Förder- und Injektionstests sollen die hydraulischen Eigenschaften des induzierten Systems charakterisieren. Danach erfolgt die Erprobung eines der zwei vorgeschlagenen Nutzungskonzepte (Hesshaus et al., 2010).

Die daraus gewonnenen Ergebnisse bestimmen die Planung der geothermischen Heizzentrale, deren Errichtung bis 2013 abgeschlossen sein soll.

Abbildung 2: Bohranlage Innova Rig TI 350 (Hesshaus et al., 2010)

Im Unterschied zu den üblichen Mehrbohrlochkonzepten wird das Einbohrlochverfahren eingesetzt. In derselben Bohrung soll das abgekühlte Wasser injiziert und das heiße Wasser gefördert werden. Dies verringert die Kosten der Bohrarbeiten erheblich.

Das Einbohrlochverfahren wurde bereits an der Forschungsbohrung Horstberg Z1 bei Celle erprobt. Die Anwendung der Wasserfrac-Technik (Hydraulic-Fracturing) schuf ein großflächiges Kluftsystem, das hydraulisch an die Bohrung angeschlossen ist. Die erzeugte Rissausbreitung entstand durch ein großes Wasservolumen (ca. 28000 m³), welches in Serien unter hohem Druck (ca. 350 bar) und hohen Fließraten (bis zu 50 l/s) eingepresst wurde (Jung et al., 2006). Die Rissebene breitet sich im Normalfall vertikal aus, senkrecht zur minimalen Gebirgsspannung (Economides & Nolte, 2000). Die Bohrung GB GT1 wurde ab einer Teufe von 3100 m mit einer Neigung von 30° in Richtung der minimalen horizontalen Hauptspannung abgelenkt. Dadurch soll erreicht werden, dass die künstlich erzeugten Risse einen größtmöglichen Abstand zur Bohrung einnehmen und nicht an der Bohrlochwand entlanglaufen.

Die Wasserfrac-Technik wurde bereits erfolgreich als Mehrbohrlochverfahren in kristallinen Gesteinen eingesetzt (z. B. in dem europäischen Forschungsvorhaben Soultz). Mittels

Einbohrlochverfahren fand die Technik erstmals in den Sedimentgesteinen des Mittleren Buntsandsteins im Rahmen des GeneSys-Projekts Horstberg ihre Anwendung.

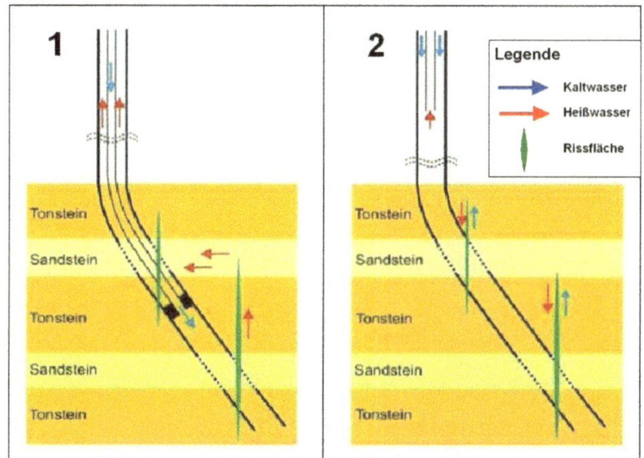

Abbildung 3: Skizzen der beiden Nutzungskonzepte für die Bohrung Groß-Buchholz GT1 (Hesshaus et al., 2010)

Für die Bohrung GB GT1 wurden zwei mögliche Nutzungskonzepte entwickelt (Abb. 3):

Im Konzept der Einbohrlochzirkulation (Konzept 1, Abb. 3, links) werden zwei Sandsteinschichten über einen künstlichen Riss hydraulisch miteinander verbunden. Kaltes Wasser wird in eine Schicht hineingepumpt, erwärmt sich auf dem Weg durch den Riss und wird durch die nächste Schicht als Heißwasser zurückgefördert. Gute hydraulische Risseigenschaften, eine gewisse hydraulische Durchlässigkeit der Gesteinsmatrix im Förderhorizont und eine gute thermische Isolation zwischen Ringraum und Förderrohr in der Bohrung sind unerlässlich.

Eine weitere Möglichkeit (Konzept 2, Abb. 3, rechts) besteht darin, kaltes Wasser direkt in die Rissfläche hineinzupumpen. Nach einer gewissen Verweilzeit und Aufwärmphase wird das Wasser als Heißwasser zurückgefördert. Dieses sogenannte zyklische Verfahren kann auch in einer völlig dichten Gesteinsformation umgesetzt werden. Geringe Anforderungen an die thermische Isolation in der Bohrung sind von Vorteil. Nachteile des Verfahrens sind die diskontinuierliche Energiebereitstellung und eine notwendige zweite Bohrung (Flachbohrung), um das Heißwasser in einem flacheren Horizont unter Druck zwischenspeichern zu können.

Welches der beiden aufgeführten Nutzungskonzepte letztendlich umgesetzt wird, hängt u. a. von den Ergebnissen der Untersuchung hydraulischer und thermischer Risseigenschaften ab.

2 Probenmaterial

2.1 Geologische Entwicklung

Niedersachsen wird in Tiefebene (nördlich der Linie: Osnabrück – Hannover – Braunschweig) und Bergland (Abb. 4) unterteilt. Die Region Hannover liegt am Übergang dieser Gebiete und wird nördlich vom Norddeutschen Tiefland und südlich vom Leine- und Weserbergland begrenzt.

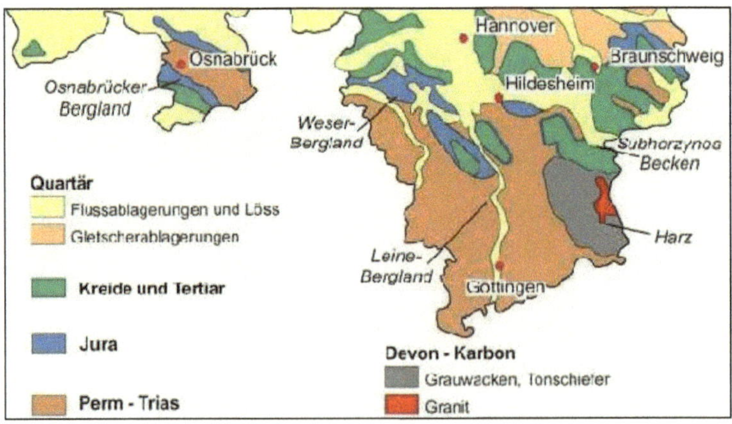

Abbildung 4: Geologische Übersicht des Niedersächsischen Berglandes (LBEG, 2007)

Regionalgeologisch befindet sich die Region um Hannover im mittleren und östlichen Teil des Niedersächsischen Beckens. Dieses besteht aus vielen verschiedenen Einzelschollen. Das Subherzyne Becken und das Osnabrücker-, das Leine- und das Weserbergland bilden den Nordwestteil des mitteldeutschen Bruchschollenlandes (LBEG, 2007). Hannover liegt auf der sogenannten Hannover-Scholle. Die Bohrung GB GT1 befindet sich im Norddeutschen Tiefland. Dort sind nahezu keine mesozoischen oder tertiären Gesteine aufgeschlossen. Oberflächennahe Ablagerungen bilden saalezeitliche Geschiebelehme und Schmelzwassersande.

Die geologischen Verhältnisse des Untergrundes und die Morphologie beeinflussen eine Vielzahl von physikalischen Parametern und Eigenschaften (wie z. B. Dichte, Porosität, Permeabilität), welche unentbehrlich für hydrogeologische, geothermische und andere geowissenschaftliche Interpretationen sind.

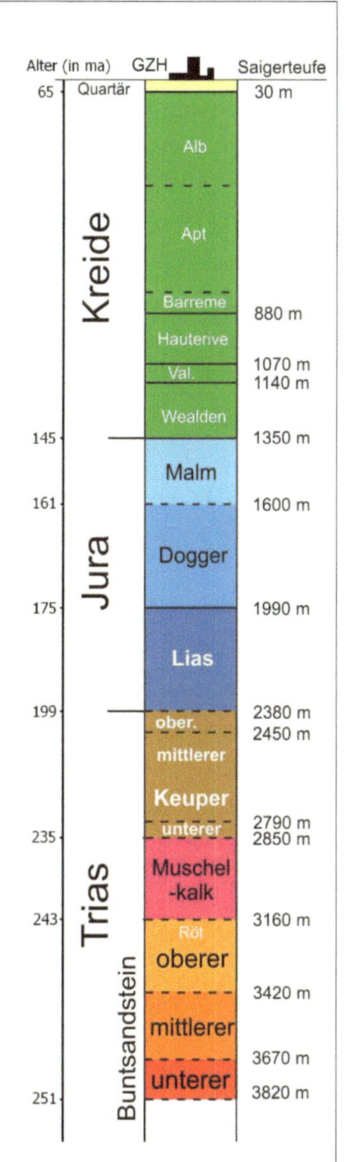

Abbildung 5: Vorhandene Stratigraphie, Saigerteufe (Tiefe) und Erdzeitalter am Standpunkt der Bohrung Groß-Buchholz GT1 (bearbeitet nach Hesshaus et al., 2010)

Nachfolgend wird die geologische Entwicklung der Region um Hannover kurz dargestellt. Im Fokus steht das Zeitintervall des Buntsandsteins, aus dem das Probenmaterial stammt. Dabei wird auf das Zusammenspiel von Klima, Tektonik und Sedimentation während dieses Zeitintervalls eingegangen.

Die voran- und nachschreitenden geologischen Einheiten werden vollständigkeitshalber angesprochen.

Geologie des Niedersächsischen Beckens

Das Niedersächsische Becken ist Teil des Norddeutschen Beckens, welches zum Zentraleuropäischen Beckensystem gehört. Die Entstehung dieses Beckensystems begann im Unteren Perm vor etwa 299 Millionen Jahren (Ma). In Mitteleuropa wurden die Sedimente in einem von kontinentaler Kruste unterlagerten Becken abgelagert. Vulkanite und äolische Ablagerungen füllten das Becken. Im Oberen Perm (257 – 251 Ma) kam es zu einer Meeresingression aus Norden. Durch herrschende aride Bedingungen wurde Salz (das sogenannte Zechsteinsalz) aus dem Meerwasser gefällt.

Während der Trias (251 – 199 Ma) gab es einen Superkontinent: Pangäa (Stanley, 1994). Im äquatorialen Bereich lag das Ur-Meer Tethys. Mitteleuropa befand sich etwa 25° nördlich des Äquators. Durch die besondere Land-/Meerverteilung herrschte im zentralen Bereich von Pangäa ein Klima mit hohen Verdunstungsraten. In Mitteleuropa lagerten sich im kontinentalen Bereich Sedimente der Germanischen Trias ab. Diese gliedert sich in Buntsandstein, Muschelkalk und Keuper.

Das Zeitintervall des Buntsandsteins (251 – 243 Ma) lässt sich in den Unteren, den Mittleren und den Oberen Buntsandstein unterteilen. Im **Unteren Buntsandstein** (251 – 249 Ma) herrschte ein warmes und arides Klima. Unter kontinentalen Bedingungen lagerten sich fluviatile und lakustrine Sandsteine, Tonsteine und Konglomerate ab (Faupl, 2000). Die Tonsteine weisen Einschaltungen von karbonatisch-oolithischen Gesteinen (Rogenstein) auf. Das Sedimentmaterial wurde in periodischen Schichtfluten aus Süden und Südosten angeliefert.

Im **Mittleren Buntsandstein** (249 – 244,5 Ma) traten verstärkt Riftbewegungen auf, die eine allgemeine Hebung, anschließende Erosion und Ablagerung grober fluviatiler Sedimente zur Folge hatte. Aus südlicher Richtung wurden riesige Mengen an Sanden und Tonen in die Region um Hannover transportiert. Sie lagerten sich in einem ausgedehnten, leicht übersalzenen Binnensee ab. Vier Zyklen kennzeichnen den Mittleren Buntsandstein: Volpriehausen, Detfurth, Hardegsen und Solling. Die Zyklen beginnen jeweils mit einer Diskordanz und überliegenden basalen Sandsteinen. Darauf folgen Wechsellagerungen von Sand- und Tonsteinen und abschließend überwiegend tonige Sedimente (v. Daniels & Knoll, 1998). Vor der Ablagerung des Solling-Zyklus kam es durch die Riftbewegungen zur Bildung von Störungszonen. Durch die vielen aktiven Störungen bildete sich ein Relief aus Horsten und Gräben, welches Mächtigkeitsunterschiede der synsedimentär entstandenen Ablagerungen verursachte. Es wurden erstmals Zechsteinsalze mobilisiert, welche entlang von Störungszonen aufstiegen (Walter, 2007).

Im tonig-salinar ausgebildeten **Oberen Buntsandstein** (244,5 – 243 Ma) kam es zunächst unter aridem Einfluss zur Bildung eines Salzsees, in dem Steinsalz und Anhydrit ausgefällt wurden. Das Klima wurde im höheren Röt zunehmend humider. Tonige Sedimente mit vereinzelten Einschaltungen von Anhydrit und geringmächtigen Feinsandlagen lagerten sich ab.

Nach dem Buntsandstein folgten Ablagerungen des flachmarin gebildeten Muschelkalks (243 – 235 Ma). Erste Salzkissen bildeten sich über den im Buntsandstein aktiven Störungslinien. Die Fazies des Keupers (235 – 199 Ma) schließen die Germanische Trias ab. In Nordwestdeutschland senkte sich der Bereich des späteren Niedersächsischen Beckens und gliederte sich in Tröge und Schwellen (Walter, 2007).

Im Jura (199 – 145 Ma) und in der Kreide (145 – 65 Ma) unterlag das Niedersächsische Becken fortlaufender Subsidenz, die u. a. die Formationen des Buntsandsteins in große Tiefen absenkte und viel Platz für neue Sedimentfracht schuf. Der Mittlere Buntsandstein ist sehr dicht und undurchlässig, dies liegt mitunter an der hohen Versenkungsrate. In der Oberkreide kam es zur Inversion des Beckens entlang von WNW-ESE verlaufenden Störungen. Aufgrund dieser tektonischen Umgestaltung entstand der sogenannte Hannover-Graben, dessen Ausläufer den Bereich der GeneSys-Bohrung GB GT1 als kleine Abschiebung in der Unterkreide durchläuft.

Die Ablagerungen des Tertiärs (65 – 5 Ma) und des Quartärs (5 – 0 Ma) folgten. Seit dem Quartär prägten mehrere Glazial-Interglazial Zyklen die Region um Hannover. Durch Gletscher wurden tertiäre und oberkretazische Ablagerungen erodiert und als Moränen abgelagert.

2.2 Detfurth- und Volpriehausen-Formation

Nach Boigk (1959) stellt jede der vier Formationen des Mittleren Buntsandsteins einen Sohlbankzyklus dar. Das bedeutet, dass auch bei der Detfurth- und Volpriehausen-Folge relativ grobe Sandsteine den basalen Teil der Formation bilden und die oberen Formationsteile durch feinkörnige Ablagerungen gekennzeichnet sind. Die Formationen gliedern sich weiter in Kleinzyklen, die ebenfalls Sohlbankzyklen darstellen. Allerdings gibt es unterschiedliche Einteilungsansätze der Formationen in Kleinzyklen. Abbildung 6 zeigt das Schema der Korrelation der Kleinzyklen der Detfurth- und Volpriehausen-Formation nach Röhling, Roman und Radzinski. Im Weiteren erfolgt die Darstellung nach Röhling (1991), repräsentativ für Nord-West-Deutschland.

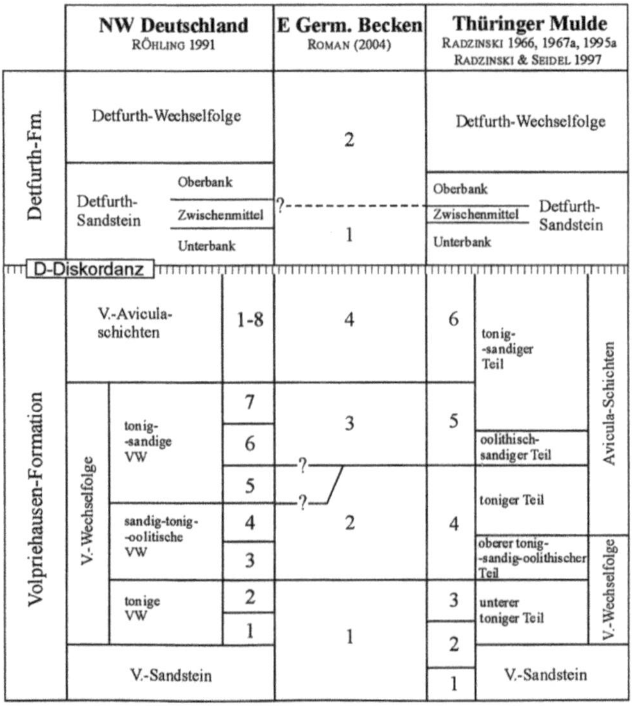

	NW Deutschland RÖHLING 1991		E Germ. Becken ROMAN (2004)	Thüringer Mulde RADZINSKI 1966, 1967a, 1995a RADZINSKI & SEIDEL 1997	
Detfurth-Fm.	Detfurth-Wechselfolge		2	Detfurth-Wechselfolge	
	Detfurth-Sandstein	Oberbank / Zwischenmittel / Unterbank	? - - - - - - / 1	Oberbank / Zwischenmittel / Unterbank — Detfurth-Sandstein	
D-Diskordanz					
Volpriehausen-Formation	V.-Wechselfolge — V.-Avicula-schichten	1-8	4	6	tonig--sandiger Teil — Avicula-Schichten
	tonig--sandige VW	7 / 6	3	5	oolithisch-sandiger Teil
	sandig-tonig--oolitische VW	5 / 4 / 3	? ? / 2	4	toniger Teil — oberer tonig--sandig-oolithischer Teil — V.-Wechselfolge
	tonige VW	2 / 1	1	3 / 2	unterer toniger Teil
	V.-Sandstein			1	V.-Sandstein

Abbildung 6: Schema der Korrelation der Kleinzyklen der Detfurth- und Volpriehausen-Formation nach Röhling, Roman und Radzinski (bearbeitet nach Becker, 2005)

2.2.1 Detfurth

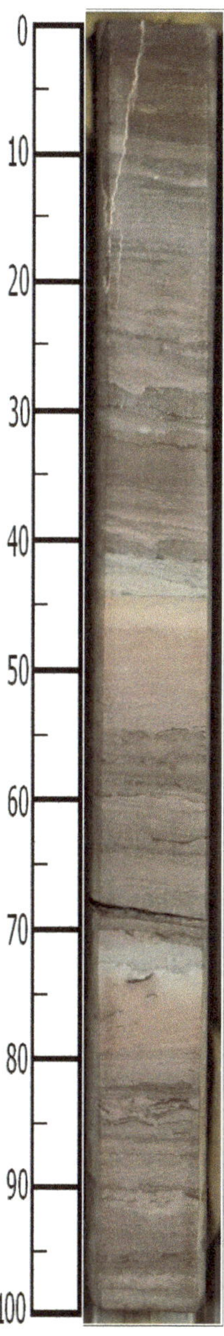

Die Detfurth-Formation (smD) lässt sich in Detfurth-Wechselfolge und Detfurth-Sandstein gliedern. Die Detfurth-Wechselfolge besteht überwiegend aus rotbraunen, schwach karbonatischen, teilweise feinsandigen Tonsteinen. In diese sind hell- bis dunkelrotbraune, feinkörnige, quarzitische und auch dichte Feinsandsteine eingeschaltet. Der Detfurth-Sandstein ist in Oberbank, Zwischenmittel und Unterbank unterteilt. Die Oberbank besteht aus feinkörnigen, quarzitischen und dichten Sandsteinen. Im Zwischenmittel findet man dunkelrotbraune Tonsteine. Die Detfurth-Unterbank besteht aus fein- bis grobkörnigen Sandsteinen, die quarzitisch und mäßig porös sind. Die Detfurth-Formation beginnt mit der sogenannten Detfurth-Diskordanz, welche durch Grobkorn- und Geröllführung gekennzeichnet ist.

Die Detfurth-Folge wird in zwei Kleinzyklen unterteilt: die Detfurth-Wechselfolge sowie die Oberbank des Sandsteins (smD, 2) und das tonige Zwischenmittel sowie die Unterbank des Detfurth-Sandsteins (smD, 1). Es gibt keine weitere Feingliederung (Becker, 2005).

Die nebenstehende Abbildung zeigt einen Bohrkern aus einer Teufe von 3560,83 – 3561,83 m. Er stammt aus der Detfurth-Unterbank.

Die drei auf natürliche Strahlung zu untersuchenden Kernstrecken aus dem Detfurth stammen sowohl aus der Detfurth-Wechselfolge als auch aus dem Detfurth-Sandstein. Somit sind beide Kleinzyklen vertreten.

Abbildung 7: Bohrkern (3560,83 – 3561,83 m) der Detfurth-Unterbank (Quelle: LIAG)

2.2.2 Volpriehausen

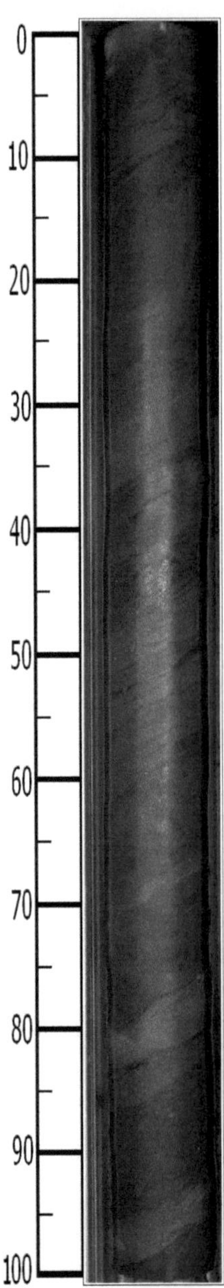

Die Volpriehausen-Formation (smV) lässt sich in Volpriehausen-Avicula-Schichten, Volpriehausen-Wechselfolge und Volpriehausen-Sandstein gliedern. Am Übergang zum Detfurth-Sandstein befindet sich die Detfurth-Diskordanz. Lithologisch besteht der obere Teil der Volpriehausen-Formation aus rotbraunen, feinsandigen Tonsteinen. Einschaltungen von rotbraunen, tonigen Feinsandsteinen sowie mögliche Aviculiden treten in diesen Schichten auf (Becker, 2005). Die Volpriehausen-Wechselfolge ist durch Wechsellagerung von Sand- und Tonsteinen charakterisiert. Die Sandsteine sind größtenteils blassrotbraun bis rotbraun und überwiegend feinkörnig, lagenweise auch mittel- bis grobkörnig. Die braunen bis dunkelrotbraunen Tonsteine sind zum Teil stark feinsandig. Die Volpriehausen-Wechselfolge ist im unteren Teil besonders feinkörnig (tonige Wechselfolge). Der Volpriehausen-Sandstein ist fein- bis mittelkörnig, quarzitisch sowie mäßig bis gut porös. Die Basis des Volpriehausen-Sandsteins ist erkennbar durch das Einsetzen von mittel- bis grobkörnigen Sandsteinen.

Die Volpriehausen-Formation wird in vier Kleinzyklen unterteilt: der oberste Teil der Volpriehausen-Folge (smV, 4), der mittlere Teil der Avicula-Schichten (smV, 3), der untere Teil der Avicula-Schichten sowie der obere Teil der Volpriehausen-Wechselfolge (smV, 2) und der untere tonige Teil der Volpriehausen-Wechselfolge sowie der Volpriehausen-Sandstein (smV, 1). Diese vier Kleinzyklen lassen sich nochmals unterteilen (siehe Abb. 6).

Abbildung 8: Bohrkern (3685 – 3686 m) aus der tiefsten Volpriehausen-Wechselfolge (Quelle: LIAG)

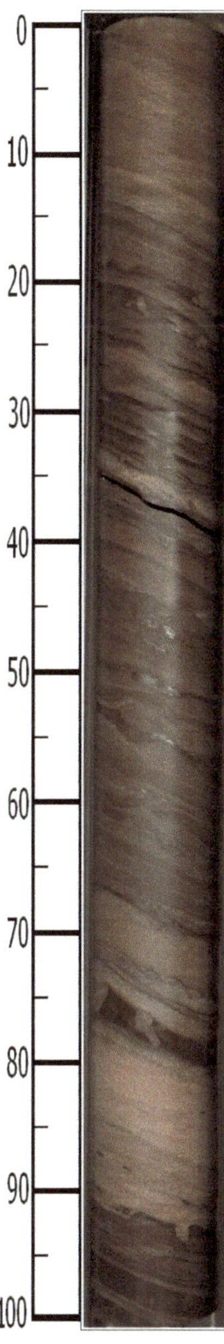

Abbildung 8 zeigt einen Bohrkern aus 3685 – 3686 m Teufe. Er stammt aus der tonigen Wechselfolge. Die zu untersuchende Kernstrecke wurde aus dem Kleinzyklus smV, 1 entnommen und stammt aus der tiefsten Volpriehausen-Wechselfolge und dem Volpriehausen-Sandstein (Röhling, 2009).

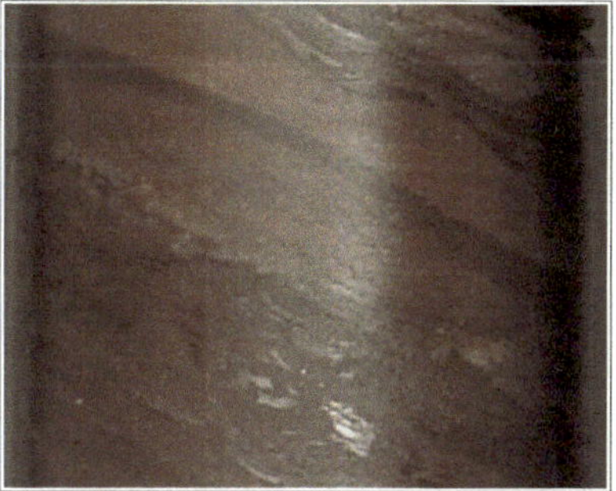

Abbildung 10: Tonige Schicht bei 3698,40 – 3698,47 m

Abbildung 11: Sandige Schicht bei 3698,80 – 3698,90 m

Abbildung 9: Bohrkern (3698 – 3699 m) des Volpriehausen-Sandsteins zur Veranschaulichung der Schichtunterscheidung (Quelle: LIAG)

3 Die natürliche Radioaktivität der Gesteine

3.1 Grundlagen

Atomkerne bestehen aus Protonen und Neutronen, welche in etwa die gleiche Masse, jedoch unterschiedliche Elementarladungen besitzen. Die Massenzahl ist die Summe der im Kern vorhandenen Nukleonen. Isotope zeichnen sich durch unterschiedliche Massenzahlen aus.

Die Kernbausteine werden durch Nahwirkungskräfte zusammengehalten. Bei einem energetisch ungünstigen Neutronen-Protonen-Verhältnis, das in der Natur besonders bei schweren Kernen auftritt, sind die Coulombkräfte nicht mehr im Stande die Stabilität des Kerns zu gewährleisten. Durch Massen- und Energieabgabe in Form von Strahlung geschieht eine spontane Umwandlung in einen anderen Kern mit stabilerer und energetisch günstigerer Konfiguration (Lehnert & Rothe, 1962). Diese spontane Umwandlung instabiler Nuklide bezeichnet man als Radioaktivität.

Die Intensität I der Strahlung von einem radioaktiven Nuklid nimmt exponentiell mit der Zeit t ab:

$$I = I_0 e^{-\lambda \cdot t} \tag{1}$$

I_0 ist die Ausgangsintensität. λ stellt die Zerfallskonstante dar. Sie ist für jedes radioaktive Element charakteristisch. Da die Intensität der Strahlung gleich der Menge N des radioaktiven Elements ist, lässt sich die Gleichung zu

$$N = N_0 e^{-\lambda \cdot t} \tag{2}$$

umformen. Der reziproke Wert der Zerfallskonstante ist die mittlere Lebensdauer τ. Die Halbwertszeit T ist die Zeitspanne, nach der die Zahl der anfangs vorhandenen Atome des Ausgangsisotops auf die Hälfte abgenommen hat (N/N_0 = ½). Somit ergibt sich folgender Zusammenhang:

$$T = \frac{ln2}{\lambda} = ln2 \cdot \tau \tag{3}$$

Die Zerfalls- bzw. Umwandlungskonstante λ und somit auch die Lebensdauer τ sind von äußeren Bedingungen unabhängig. Das bedeutet, dass die Umwandlungsgeschwindigkeit der radioaktiven Umwandlungen von äußeren Faktoren wie Druck und Temperatur nicht beeinflusst werden kann (Militzer & Weber, 1985).

Die Aktivität A bezeichnet den absoluten Betrag der Umwandlungsrate (Kernumwandlungen pro Zeiteinheit).

$$A = \left| \frac{dN}{dt} \right| \tag{4}$$

Sie folgt ebenfalls einem exponentiellen Abfall mit der Zeit.

$$A = A_0 e^{-\lambda \cdot t} \tag{5}$$

Die Aktivität wird in der SI-Einheit Becquerel (1 Bq = 1 Zerfall pro Sekunde = 1 s^{-1}) angegeben.

Die Impulsrate I ist die Anzahl der Ereignisse pro Zeit, die von einem Detektor aufgenommen wird. Nicht jeder zerfallende Kern – sondern nur ein bestimmter Anteil der Einzelereignisse – kann von einem Messgerät bemerkt werden. Die Impulsrate ist proportional zur Aktivität:

$$I = \varepsilon \cdot A \tag{6}$$

ε bezeichnet dabei die Zählausbeute (bzw. den Wirkungsgrad). Sie ist abhängig vom Nuklid. Die Impulsrate wird in cps (counts per second) oder in American Petroleum Institute (API)-Einheiten angegeben.

3.2 Strahlungseigenschaften

Der Zerfall instabiler Atomkerne kann sowohl von Partikel- als auch von Wellenstrahlung begleitet werden (Lehnert & Rothe, 1962). Man unterscheidet die Emissionen in α-, β- und γ-Strahlung.

Beim α-Zerfall wird ein α-Teilchen, ein zweifachpositiver Heliumkern, ausgesandt. Beim Durchgang durch Materie verlieren diese Teilchen aufgrund starker Wechselwirkungsprozesse mit den Elektronenhüllen der getroffenen Atome sehr rasch ihre Energie und besitzen daher nur eine relativ geringe Reichweite. In Gesteinen beträgt diese nur wenige µm (Militzer & Weber, 1985).

Beim β-Zerfall wird ein β-Teilchen, ein hochenergetisches Elektron, als ionisierende Strahlung ausgesandt. Das Elektron entsteht dadurch, dass sich im Atomkern ein Neutron in ein Proton umwandelt. Die negativ geladenen β-Teilchen werden in Materie unter allmählichem Energieverlust absorbiert. Die Reichweite dieser Strahlung ist zwar erheblich größer als die der α-Teilchen, dennoch werden sie bereits von nur wenigen mm-dicken Gesteinsschichten absorbiert.

Meist bleibt der Atomkern nach vorangehenden α- oder β- Umwandlungsprozessen in einem angeregten Zustand zurück. Unter Abstrahlung einer elektromagnetischen Wellenstrahlung geht der Tochterkern über viele Zwischenstufen in den Grundzustand über. Der γ-Übergang erfolgt durch Abgabe eines oder mehrerer γ-Quanten. Die dabei ausgesandte Energie beträgt maximal 3 MeV.

γ-Strahlung besitzt steigende Fähigkeiten Materie zu durchdringen, daher kommt nur sie bei der Messung der natürlichen Radioaktivität der Gesteine im Bohrloch in Betracht. Die Teilchen-Strahlung würde bereits in der Spülung und in den Außenwänden des Messgerätes vollständig absorbiert werden (Lehnert & Rothe, 1962).

3.3 Wechselwirkung der Gammastrahlung mit Materie

Die ausgesandte γ-Strahlung wechselwirkt mit Materie (Gesteinsformation, Bohrspülung). Es gibt drei wichtige Wechselwirkungsprozesse:

- Compton-Effekt
- Photo-Effekt
- Paarbildung

Beim Compton-Effekt wird ein Photon an einem quasifreien Elektron gestreut. Dabei wird ein Teil der Energie des Photons dem Elektron übertragen. Nach dem Zusammenprall fliegen die Partner in verschiedene Richtungen auseinander.

Der Photo-Effekt beschreibt die vollständige Übertragung der Energie des Photons auf ein Hüllenelektron. Da das Elektron aus der Elektronenhülle des Atoms herausgeschlagen wird, kann das Photon vollständig absorbiert werden. Daher heißt dieser Prozess auch "photoelektrische Absorption".

Beim Paarbildungseffekt wird ein Photon im Coulombfeld eines Atomkerns oder eines Hüllenelektrons in ein Elektron/Positron-Paar umgewandelt (Stolz, 2005). Elektron und Positron ergeben zusammen eine neutrale Ladung. Da sie eine Masse besitzen, findet eine Umwandlung von Energie in Materie statt.

Die Wechselwirkungsprozesse sind abhängig von der Art der Strahlung (Energiespektrum), wie auch von den physikalischen und chemischen Eigenschaften des Gesteins (Dichte, Vorhandensein von bestimmten Elementen und Verbindungen).

3.4 Eigenschaften und Zerfallsreihen der wichtigsten Isotope

Ursache für die natürliche Radioaktivität von Gesteinen ist der Zerfall der im Gesteinsverband enthaltenen Radionuklide und deren Zerfallsreihe. Folgende Zerfallsreihen sind relevant:

$^{40}K \rightarrow {}^{40}Ca$

^{238}U und $^{235}U \rightarrow {}^{206}Pb$ und ^{205}Pb

$^{232}Th \rightarrow {}^{208}Pb$

Während des Zerfalls wird Energie freigesetzt. Die Zerfallsreihen von Uran und Thorium sind durch Spektren gekennzeichnet, der Zerfall des Kalium-Isotops bewirkt eine monoenergetische Strahlung. Jedes Element charakterisiert typische Energiebereiche, sogenannte Energiefenster im Spektrum (Fricke & Schön, 1999).

Kalium, Uran und Thorium sind unterschiedlich in Mineralen und Gesteinen konzentriert. Erhöhte Konzentrationen dieser Isotope bewirken folglich eine erhöhte Radioaktivität und einen steigenden Tongehalt des Gesteins. Somit besitzt reiner Sandstein praktisch keine Radioaktivität.

3.4.1 Kalium

Das radioaktive Isotop ^{40}K ist nur zu 0,011 % im natürlichen Isotopengemisch des Kaliums enthalten. Davon zerfallen 11,2 % durch K-Einfang unter Emission von γ-Strahlung (Lehnert & Rothe, 1962). Kalium kommt in großen Mengen in gesteinsbildenden Mineralen vor und gehört zu den am häufigsten in der Erdkruste auftretenden Elementen. Es hat einen Massenanteil an der Erdkruste von etwa 2,4 %.

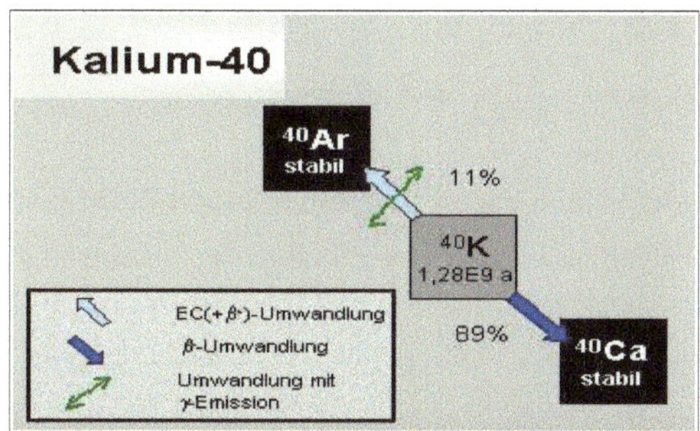

Abbildung 12: Zerfallsschema des Kalium-Isotops (Tauchnitz, 2005)

Kalium stellt ein wichtiges Kation bei der Bildung der gesteinsbildenden Silikate (vor allem Feldspäte, Glimmer und Tonminerale) dar. Neben den Sand-Ton-Gesteinen sind Evaporit-Gesteine, Magmatite und Metamorphite den bestimmenden Mineralen zuzuordnen. Kalisalze, wie Sylvinit und Carnalit zählen zu den Evaporiten und K-Na Feldspäte, Muskovit sowie Biotit zu den Magmatiten und Metamorphiten.

3.4.2 Uran

Das Isotop ^{238}U ist zu 99,27 % im natürlichen Isotopengemisch des Urans vorhanden. Es hat einen Massenanteil an der Erdkruste von etwa 3 ppm. Uran ist gut löslich und migriert hauptsächlich in Form von wässrigen Lösungen (z. B. Transport durch Porenflüssigkeiten). Es ist häufig in sauren Magmatiten und in unter anaeroben Bedingungen abgelagerten Tonen als Uranmineral (z. B. Uraninit: Pechblende) vorzufinden. Uran wird aufgrund der guten Löslichkeit häufig vom Ort der Sedimentation abtransportiert oder innerhalb der Schichten umgelagert.

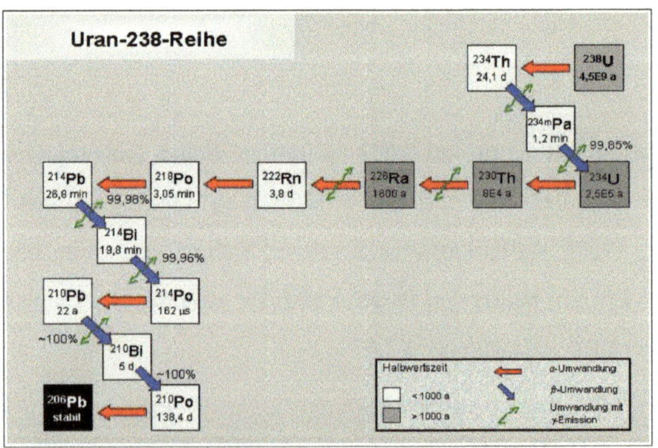

Abbildung 13: Zerfallsschema des Uran-Isotops (Tauchnitz, 2005)

Taucht bei einer spektralen Messung ein Uranpeak auf, sollte darauf geachtet werden, ob das Uran durch direkte Sedimentation oder durch Umlagerungsprozesse in die zu untersuchende Schicht gelangte.

3.4.3 Thorium

Das Isotop ^{232}Th ist ein Reinelement, es ist theoretisch im natürlichen Isotopengemisch des Thoriums zu 100 % enthalten. Es hat einen Massenanteil an der Erdkruste von etwa 10 ppm. Thorium ist schwer löslich und kann nur auf mechanischem Wege umgelagert werden. Gelöstes Thorium wird oft an Tonmineralen adsorbiert und in Schwerminerale eingebaut. Die wichtigsten Minerale sind Thorit, Monazit und Zirkon.

Für beide Spurenelemente ist der Zustand der Zerstreuung in der Erdkruste charakteristisch. Während Kalium gleichmäßig auf die verschiedenen Minerale verteilt ist, konzentrieren sich Uran und Thorium auf akzessorische Minerale.

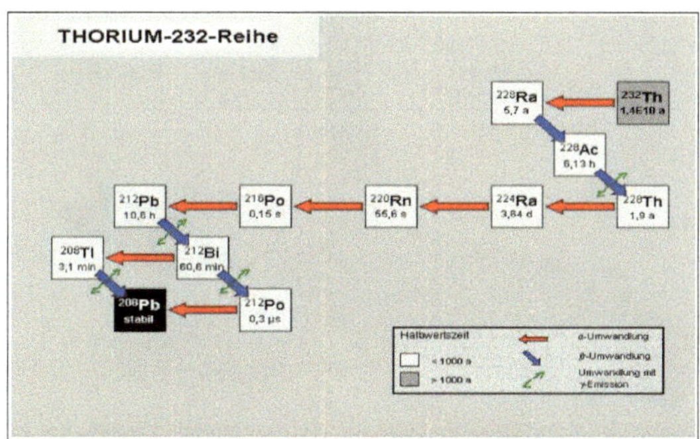

Abbildung 14: Zerfallsschema des Thorium-Isotops (Tauchnitz, 2005)

4 Messtechnik und angewandte Messverfahren

4.1 Bohrkernmessung

4.1.1 Das Messverfahren

Eigene Messungen an den Bohrkernen der Detfurth- und Volpriehausen-Formation erfolgten mit Hilfe eines tragbaren Szintillationszählers (Heger-Sonde). Die γ-Strahlung wurde in einem Profil entlang des Kernmaterials (vier Kernstrecken von insgesamt 37,9 m Länge) in diskreten Messpunkten integral erfasst. Der gewählte Abstand zwischen den Punkten ist 5 cm. Das Messintervall für jede Einzelmessung beträgt 5 s.

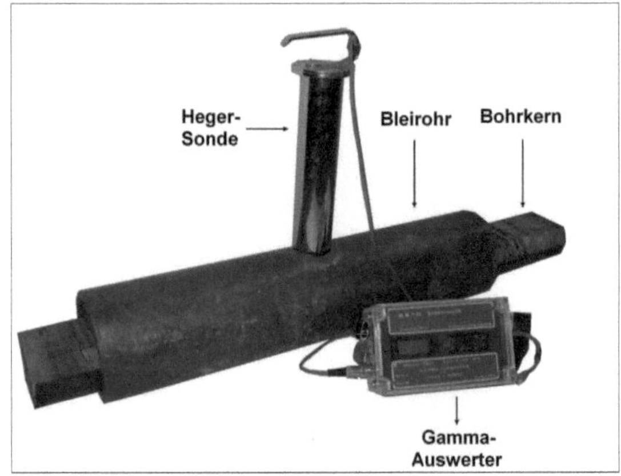

Abbildung 15: Messanordnung für eine γ-Messung mit der Heger-Sonde

Abbildung 15 zeigt die Messanordnung für eine γ-Messung mit der Heger-Sonde. Das Probenmaterial (Bohrkern) wurde in 5 cm-Schritten durch das Bleirohr geschoben und durch den Szintillationsdetektor erfasst. Pro Messpunkt wurden drei Werte aufgenommen. Diese übertrug die Sonde über das Messkabel an den Gamma-Auswerter. Die γ-Werte wurden notiert und pro Messpunkt gemittelt. Das Bleirohr diente dabei zur Abschirmung der Umgebungsstrahlung (siehe Kap. 4.1.3).

Bei Szintillationszählern wird die Lumineszenz, die Fähigkeit einiger organischer und anorganischer Substanzen, bei radioaktiver Strahlung Fluoreszenzlichtblitze (Szintillationen) zu emittieren, genutzt. Diese Lumineszenz zeigenden Substanzen (Kristalle) nennen sich Szintillatoren. Fällt ein ionisierendes Teilchen in den Szintillator ein, so gibt es seine Energie teilweise oder vollständig in Ionisations- und Anregungsprozessen an die Atome bzw. Moleküle der Szintillatorsubstanz ab. Ein Bruchteil der Energie emittiert der Szintillator in Form von Fluoreszenzlicht (Fluoreszenzlichtquanten). Entscheidend dabei ist, dass die vom Szintillator abgestrahlte Lichtintensität proportional zur Energie der einfallenden Strahlung ist (Stolz, 2005). Die entstehenden Lichtquanten (Photonen) werden aus dem Kristall zur Photokathode des Sekundärelektronenvervielfachers (SEV), auch bekannt als Photovervielfacher, geleitet.

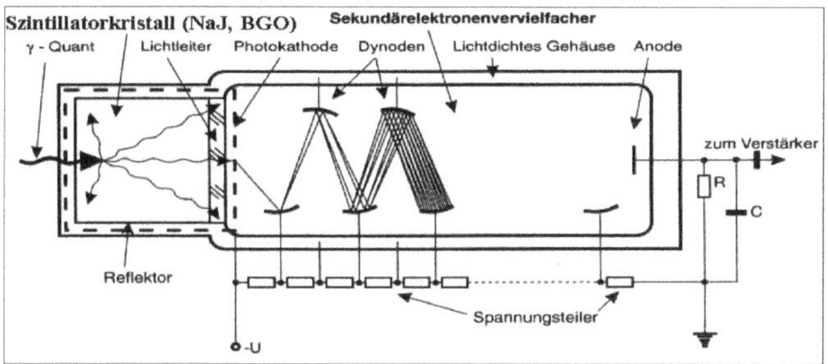

Abbildung 16: Aufbau eines Szintillationszählers (Stolz, 2005)

Die einfallenden Photonen lösen Photoelektronen aus dem Kathodenmaterial. Diese werden auf die erste Dynode (Prallelektrode) gelenkt, wo jedes Elektron eine weitere Anzahl von Sekundärelektronen aus dem Elektrodenmaterial herauslöst. Elektrische Führungsfelder lenken die Elektronen zur nächsten Dynode, wo sie erneut Sekurdärelektronen herausschlagen. An der letzten Elektrode des SEV, der Anode, entsteht ein elektrischer Impuls. Dieser liegt in der Größenordnung von einigen mV bis einige V, entsprechend der Energie des auslösenden Teilchens (Rózsa, 1987).

Während α- und β-Teilchen direkt zur Lichtemission anregen, geschieht dies bei γ-Quanten indirekt. Bei ihren Wechselwirkungen mit dem Kristall (Kap. 3.3) setzen sie Elektronen frei, welche durch Ionisation die Atome entlang ihrer Bahn anregen. Dann erst beginnt die Lichtemission. Die durch Wechselwirkungsprozesse freigesetzten Elektronen und Positronen verhalten sich wie echte β-Teilchen. Bei der Comptonstreuung entsteht eine sekundäre γ-Strahlung, welche ihre gesamte Energie durch wiederholte Compton- oder Photo-Effekte dem Kristall übertragen kann. Demnach wird in einem genügend großen Kristall die gesamte Energie der γ-Strahlung für die Anregung der Atome im Kristall verwendet, da – wenn auch über Umwege – jeder γ-Quant mit dem Szintillatormaterial in Wechselwirkung tritt.

Szintillationszähler zeichnen sich durch ein vergleichsweise sehr großes Ansprechvermögen für γ-Strahlung aus. Abhängig von der Größe des Kristalls und der Energie der einfallenden Strahlung kann es 50 % und mehr betragen (Militzer & Weber, 1985). Die Genauigkeit der Messung leidet nicht unter einer Verkürzung des Messintervalls. Somit kann innerhalb kürzester Zeit viel Probenmaterial erfasst werden. Nachteile dieses Messverfahrens sind die Empfindlichkeit von Kristall und SEV gegenüber mechanischer Beanspruchung sowie die Temperatur- und Speisespannungsabhängigkeit der Detektoren. Die Stabilisierung der Speisespannung muss daher stets gewährleistet sein.

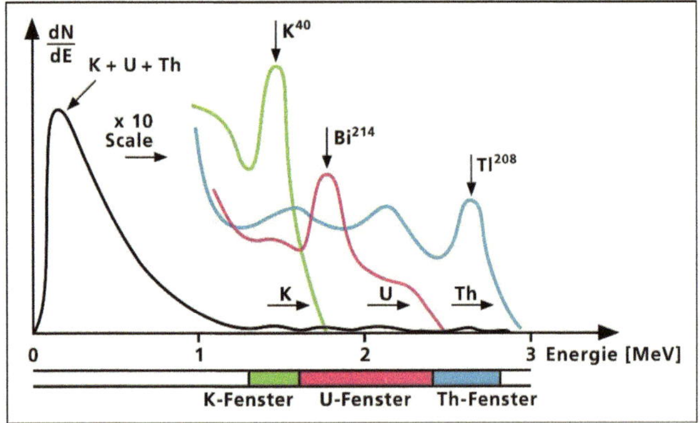

Abbildung 17: Spektrale Kurven von K, U und Th und integrale Kurve von K + U + Th (bearbeitet nach Serra et al., 2000)

Es wurden neben integralen Messungen auch spektrale Messungen an dem Kernmaterial vorgenommen. Diese erfolgten mit Hilfe des tragbaren Gamma Ray Spektrometers GR-320 der Firma Exploranium (ebenfalls ein Szintillationszähler). Die γ-Strahlung wurde in diskreten Messpunkten erfasst. Der gewählte Abstand zwischen den Punkten ist 5 cm. Das Messintervall für jede Einzelmessung beträgt 10 s.

Szintillationszähler eignen sich für Szintillationsspektrometrie. Dies liegt an der Eigenschaft, dass die Höhe des Spannungsimpulses am Ausgang des SEV proportional der im Kristall absorbierten Energie des Teilchens ist (Militzer & Weber, 1985). Der vorhandene Anteil an bestimmten Strahlern im Gestein (K, U, Th) wird anhand der Strahlungsenergie ermittelt. Diese ist spezifisch für jedes Element (Abb. 17). Die Strahlungsenergie wird durch Impulshöhenanalyse mit Einkanal- und Vielkanalspektrometern bestimmt. Als Spektrometereingang können sowohl Szintillationszähler als auch Halbleiterdetektoren oder Proportionalitätszähler benutzt werden.

Beim Auftreffen von monoenergetischer γ-Strahlung der Energie E_γ auf den Detektor ergibt sich eine Impulshöhenverteilung (Peak). Bei Aufnahme von Spektren treten neben den für die γ-Energien charakteristischen Peaks noch weitere Maxima auf. Ursache dieser mehr oder weniger ausgeprägten Maxima sind Wechselwirkungsvorgänge der γ-Strahlung im Detektor und in seiner näheren Umgebung (Stolz, 2005).

Die Messergebnisse der Heger-Sonde werden in cps, die des Spektrometers in ppm bzw. % angegeben. Nach dem Messen der Spektren wurden vom Gerät die Zählraten der γ-Zerfälle der Elemente Kalium, Uran und Thorium mit Hilfe der elementspezifischen Strahlungsenergie bestimmt. Diese Zählraten sind proportional zum Anteil (Konzentration) der genannten Elemente im Gestein. Die ermittelten Zählraten wurden mit denen des Kalibrierstandards (mit bekannter chemischer Zusammensetzung) verglichen und somit ein elementspezifischer Umrechnungsfaktor von Impulsrate in Konzentration erstellt (Riess Zurbuchen, 2005). Die Konzentrationsangabe von Kalium erfolgt in %, während die Angabe von Uran und Thorium in ppm erfolgt. Durch Umrechnung der durch γ-Zerfälle hervorgerufenen Impulsrate wird die totale Konzentration bestimmt. Sie wird in ppm angegeben.

4.1.2 Anwendung

γ-Messungen werden zur lithologischen Gliederung sedimentärer Formationen eingesetzt, um zwischen tonhaltigen und tonfreien Gesteinen unterscheiden zu können. Diese Anwendung ist nur in Gesteinen durchführbar, in denen keine anderen stark strahlenden Minerale wie beispielsweise Feldspäte, Glimmer oder Akzessorien wie Zirkone vorhanden sind (Fricke & Schön, 1999). Die Mächtigkeiten der Schichten und deren Beschaffenheit spielen bei der Korrelation von Bohrung zu Bohrkern sowie zwischen Bohrungen eine Rolle.

4.1.3 Grenzen und Korrekturen

Radioaktive Umwandlungen von Atomkernen sind als Zufallsphänomen statistischen Gesetzen unterworfen. Dieser statistische Charakter kommt in Schwankungserscheinungen zum Ausdruck. Die (Schweidlerschen) Schwankungen werden durch die Poisson-Verteilung, bei größeren Beträgen des Mittelwertes mit der Gauss-Verteilung beschrieben (Militzer & Weber, 1985).

Die Wahrscheinlichkeitsdichte f(x) für das Auftreten eines Messwertes x (die Anzahl der Szintillationen in einer konstanten Messzeit) ist von der Poisson-Verteilung und dem dadurch beschriebenen Zusammenhang zwischen Mittelwert μ und Standardabweichung σ

$$\sigma^2 = \mu \tag{7}$$

abgeleitet. Folgende Gleichung ergibt sich:

$$f(x) = 1/\sigma \cdot \sqrt{2\pi} \cdot e^{\frac{(x-\mu)^2}{2\sigma^2}} \tag{8}$$

In dem betrachteten Fall der radioaktiven Umwandlungen ergibt sich aufgrund der Formel (7) folgender Zusammenhang:

$$\sigma = \sqrt{\mu} \tag{9}$$

Die Schweidlerschen Schwankungen beeinflussen die Genauigkeit der Ergebnisse (statistische Zählfehler, Impulsstatistik). Ein Messwert von beispielsweise $\mu = 100$ cps ist mit einem zufälligen Fehler von $\sigma = 10$ cps behaftet. Somit ergibt sich ein relativer Fehler von 10 %.

Spuren von radioaktiven Nukliden sind in allen Gesteinen und Böden enthalten. Es wurde eine Abschirmung verwendet, damit die umgebenden Wände (Beton) die γ-Messungen nicht beeinflussen. Die Messungen mit der Heger-Sonde wurden in einem Bleirohr zur Abschirmung von äußeren Einflüssen (Umgebungsstrahlung) getätigt, welche den Messwert verfälschen und nach oben treiben würden. Die Bleischicht mit einer Dicke von 1 cm absorbiert die einfallende Strahlung völlig, sodass das Ergebnis nahezu unbeeinflusst ausgewertet werden kann.

Je größer die Kernladungszahl der Atome des Absorbers ist, um so größer sind auch die Chancen für eine Wechselwirkung über den photoelektrischen Effekt und den Compton-Effekt. Mit steigender Dichte, Dicke und Ordnungszahl des Materials nimmt die Effektivität der Abschirmwirkung zu, da die steigenden Wechselwirkungen zwischen Umgebungsstrahlung und Materie die Dämpfung der Strahlen vergrößern. Sehr häufig dient Blei als Absorber. Es besitzt die Ordnungszahl 82 und ist somit ein relativ schweres Element.

4.2 Bohrlochmessung

4.2.1 Das Messverfahren

Bei geophysikalischen Bohrlochmessungen werden Messsignale als Funktion der Teufe aufgenommen, gespeichert und graphisch als Messkurve (Log) dargestellt. Die dazu verwendete Messausstattung (siehe Abb. 18) besteht aus einem Messwagen mit einer Winde sowie einer Steuer- und Messeinheit (Übertageeinheit). Mittels der Winde wird die Bohrlochsonde an einem Messkabel in das Bohrloch gelassen. Die Stromversorgung sowie die Datenübertragung erfolgt über das Bohrlochmesskabel. Bei der γ-Messung wurde die Sonde zuerst in das Bohrloch gelassen und anschließend während des Messvorganges mit einer Geschwindigkeit von 10 m/min nach oben gezogen (Fricke & Schön, 1999).

Mit Hilfe der Gamma-Bohrlochsonde wurden die Messungen im Bohrloch durch die Firma Schlumberger durchgeführt. Der gewählte Abstand zwischen den Messpunkten ist 15 cm.

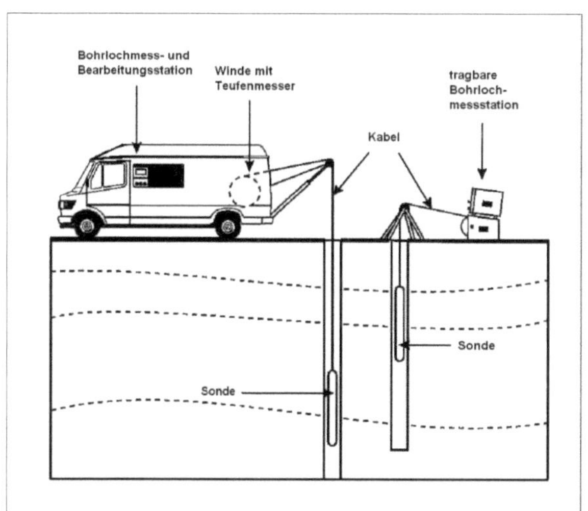

Abbildung 18: Typische Feldausstattung für Bohrloch-Messungen (Rider, 1996)

Das Prinzip einer γ-Messanordnung wird in Abbildung 19 (links) gezeigt. Die γ-Quanten, die das Gebirge emittiert, durchlaufen das Bohrloch und werden vom Szintillationsdetektor (Kap. 4.1.1) aufgenommen und in elektrische Impulse gewandelt.

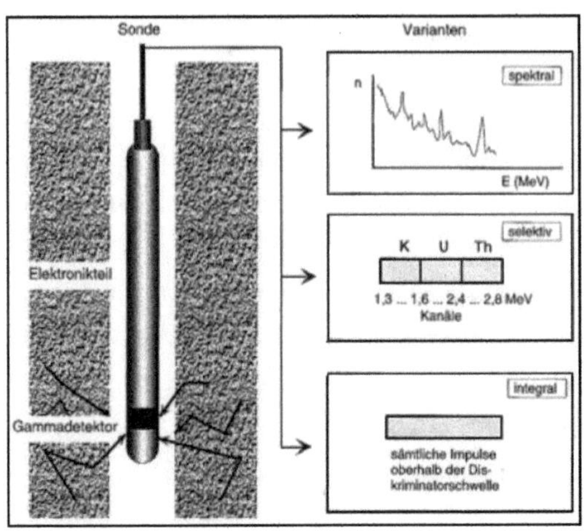

Abbildung 19: Aufbau einer γ-Messanordnung und Prinzip des integralen, selektiven und spektralen Messverfahrens (Fricke & Schön, 1999)

Es werden drei Messverfahren unterschieden: die integrale, die selektive und die spektrale Messung (Abb. 19, rechts).

Bei der integralen Messung werden sämtliche Impulse oberhalb einer Diskriminatorschwelle gezählt und als Impulsrate aufgenommen. Die Werte werden als Gammalog dargestellt. Die Messkurve wird mit dem Symbol GR (Gamma Ray) bezeichnet.

Bei der selektiven Messung werden die Impulse für K, U und Th separat gezählt. Grundlage dafür ist das Festlegen sogenannter Fenster. Diese decken bestimmte Bereiche typischer Energien ab und schließen aneinander an. Die GR-Kurven werden mit S für selektiv und dem jeweiligen Elementsymbol verzeichnet. Für Kalium also dementsprechend GRS-K.

Bei der spektralen Messung werden die gesamten Spektren aufgenommen. Bei der Durchführung der Messung werden ebenfalls Fenster verwendet. Im Folgendem sind die markanten, elementtypischen Energien im Spektrum und die dazu festgelegten Intervalle (Fenster) aufgeführt:

Kalium (^{40}K):	1,46 MeV	→ Kalium-Fenster:	1,3 – 1,6 MeV
Uran (^{214}Bi):	1,74 MeV	→ Uranium-Fenster:	1,6 – 2,4 MeV
Thorium (^{208}Tl):	2,61 MeV	→ Thorium-Fenster:	2,4 – 2,8 MeV

Uran und Thorium produzieren infolge ihrer Zerfallsreihen auch Quanten, die nicht nur in den für sie typischen Kanal fallen, sondern auch in die beiden anderen. Somit können sie die Zählrate der anderen Elemente erhöhen. Daher ist bei dieser Messmethode eine entsprechende Kalibrierung der Sonde nötig (Fricke & Schön, 1999).

Die von der Bohrlochsonde gemessenen Werte wurden in API-Einheiten ausgegeben. Da die Sonde mit einer gewissen Geschwindigkeit durch das Bohrloch fährt, können keine diskreten Messpunkte erfasst werden. Das Auflösungsvermögen bei dieser Messmethode ist um etliches geringer als das bei den Bohrkernmessungen. Es beträgt hier 25 – 35 cm.

4.2.2 Anwendung

Wie bereits in Kapitel 4.1.2 aufgeführt werden γ-Messungen zur lithologischen Gliederung sedimentärer Gesteinsformationen eingesetzt, um zwischen tonhaltigen und tonfreien Schichten unterscheiden zu können. Die Messung kann sowohl im unverrohrten als auch im verrohrten Bohrloch durchgeführt werden. γ-Messungen werden ebenfalls zur Ermittlung des Tongehalts von Sedimenten angewendet sowie bei Tonmineralidentifikation durch spektrale γ-Messung.

4.2.3 Grenzen und Korrekturen

Verschiedene Gesteinsschichten sind in der Regel durch scharfe, deutlich zu erkennende Grenzen gekennzeichnet. Daher müsste das Gammalog eine sprunghafte Veränderung bei einer Schichtgrenze und etwa gleichbleibende Werte innerhalb einer Schicht aufzeigen. Tatsächlich aber sind die aufgenommenen Kurven nicht sprunghafter, sondern abgerundeter Form. Neben dem statistischen Charakter der Strahlung (siehe Kap. 4.1.3) sind für den Verlauf des Gammalogs im wesentlichen das Bohrlochkaliber und der Einfluss der angrenzenden Sedimentschicht verantwortlich. Aber auch die verwendete Bohrspülung übt Einfluss auf die Messkurve (Fricke & Schön, 1999).

Absorptionseffekte entstehen durch den Bohrlochinhalt und den eventuell vorhandenen Ausbau. Diese mindern die γ-Intensität. Die Dichte und die Dicke (Bohrlochkaliber, Wandstärke) des Absorbermaterials sind die entscheidenden Größen bei

Absorptionskorrekturen. Die radiale Wirkungstiefe der γ-Messung wird vor allem durch die Dichte der Formation beeinflusst. Teilweise wird die natürliche γ-Strahlung im Gestein durch Compton-Streuung auf ihrem Weg zum Detektor absorbiert. Mit zunehmender Dichte der Gesteine nimmt die Wirkungstiefe ab. Weiterhin bestimmt die Position der Sonde im Bohrloch die gemessene Strahlungsintensität.

Bei geringmächtigen Schichten kommt es durch den Einfluss der benachbarten Schichten zu einer Verfälschung der gemessenen gegenüber der schichtspezifischen γ-Intensität. Mit sogenannten Schichtmächtigkeitskorrekturen oder Filterverfahren werden die Einflüsse gemindert. Entscheidender Kritikpunkt für die Auflösung einer Schicht ist die Fahrgeschwindigkeit der Sonde und die Samplingrate bzw. die Zeitkonstante. Bei letzterem tritt zusätzlich eine Verschiebung der Schichtgrenzenindikation in Fahrtrichtung der Sonde auf.

Spülungskorrekturen reduzieren den Einfluss des Bohrlochmediums in Abhängigkeit der Spülung, dem Bohrlochkaliber und der Lage der Sonde im Bohrloch (zentrisch oder exzentrisch: zentral oder an die Bohrlochwand gedrückt).

Die Glättung der Messkurven wird verwendet, um zufällige Messwertänderungen mit der Teufe von petrophysikalisch signifikanten Änderungen zu trennen. Die zufälligen Wertänderungen sollen vollständig unterdrückt werden. Die Glättung sollte so gering wie möglich gehalten werden, da sonst petrophysikalisch relevante Messwerte fälschlicherweise entfernt werden und somit die Interpretation der Kurve beeinträchtigen können. Allerdings werden in der Praxis starke Glättungen verwendet, um kleinere Messstörungen und Rauschen vollständig ausschließen zu können. Die Glättung ist neben der Samplingrate abhängig von der Art und der Länge des Glättungsoperators. Die Operatoren lassen sich in nichtlineare Glättungsoperatoren und in einfache bzw. gewichtete Mittelbildung über mindestens drei Messpunkte gliedern. Die Anzahl der Messpunkte, über die gemittelt wird, übt Einfluss auf die Glättungsstärke der Kurve.

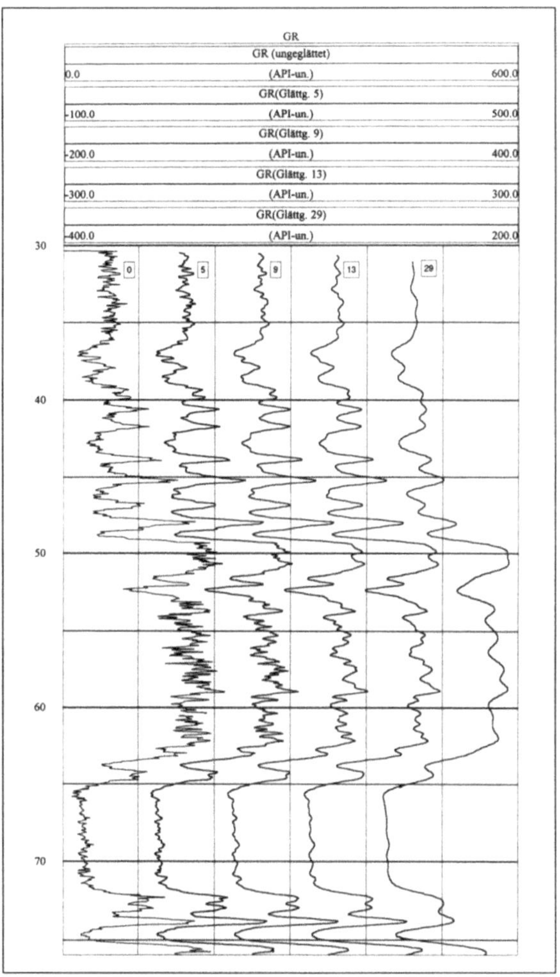

Abbildung 20: Glättung der GR-Kurve mit dem Glättungsoperator über 5, 9, 13 und 29 Messpunkte, bei einer Samplingrate von 5 cm (Fricke & Schön, 1999)

Die Kurve mit der Glättung von 13 Messpunkten (siehe Abb. 20) kann unter den gegebenen Messbedingungen als optimal angesehen werden. Die Kurven mit weniger Messpunkten sind zu schwach, die mit mehr Punkten zu stark geglättet.

5 Messergebnisse

5.1 Ergebnisse der Bohrkernmessung

Die gekernten Strecken werden als Kernmarsch bezeichnet und erhalten jeweilig eine Nummer. Die vier zu untersuchenden Kernstrecken sind von 2 bis 5 nummeriert. Folgende Übersicht ergibt sich nach Röhling (2009):

Kernmarsch	**Teufe**	**Stratigraphie**
Kernmarsch 2:	3531 m bis 3534,65 m	Detfurth-Wechselfolge und -Oberbank
Kernmarsch 3:	3546,5 m bis 3551,83 m	Detfurth-Oberbank und -Zwischenmittel
Kernmarsch 4:	3551,83 m bis 3563 m	Detfurth-Zwischenmittel und -Unterbank
Kernmarsch 5:	3685 m bis 3702,75 m	Volpriehausen-Wechselfolge und -Sandstein

Es wurden γ-Messungen mit der Heger-Sonde sowie dem Spektrometer durchgeführt. Die Messergebnisse der Heger-Sonde betragen zwischen 45 cps und 92 cps. Die Messungen mit dem Szintillationsspektrometer erreichen totale Werte zwischen 1700 cps und 2400 cps. Laut Formel (9) ergeben sich für die Ergebnisse der Heger-Sonde Standardabweichungen von 6,7 cps bis 9,6 cps und somit ein relativer Fehler zwischen 10,4 % und 14,9 %. Bei den spektralen Messungen ergeben sich Standardabweichungen von 41,2 cps bis 48,9 cps und ein relativer Fehler zwischen 2,0 % und 2,4 %. Legt man die integrale Messkurve der Heger-Sonde und die totale Kurve der Spektrometer-Messung nebeneinander, so liegt ein relativ übereinstimmender Kurvenverlauf vor. Dies wird an einem Bespiel (Abb. 21) gezeigt. Kernmarsch 2 wurde aus einer Teufe von 3531 m bis 3534,65 m entnommen und hat somit eine Länge von 3,65 m. Durch vorher geführte Probenentnahmen in Intervallen der Kernstrecke konnten zwar teilweise γ-Messwerte erfasst, müssen aber mit Skepsis betrachtet werden. Diese Ergebnisse sind in der Graphik durch eine gestrichelte Linie dargestellt (vermuteter Verlauf). Die "unverfälschten" Werte (gemessener Verlauf) ergeben eine Strecke von 2,8 m.

Bei 3531,1 m liegen niedrige γ-Werte vor. Darunter folgt ein kleiner Peak erhöhter Werte. Von 3531,5 m bis 3532 m erfolgt ein Anstieg, der zu erhöhten Werten von 3532 m bis 3533 m führt. Ab 3533,05 m werden wieder niedrige γ-Werte gemessen. Von 3533,6 m bis 3534,5 m liegen relativ hohe γ-Werte vor. Es fällt auf, dass die mit dem Spektrometer gemessene Kurve deutlich klarere Peaks und markantere Einschnitte hervorbringt. Zur Korrelation wurde daher auf die spektralen Messungen zurückgegriffen. Auf die Einbeziehung der Messungen mit der Heger-Sonde wurde bewusst verzichtet, da der relative Fehler im Vergleich zu den Spektrometer-Messungen viel größer ist.

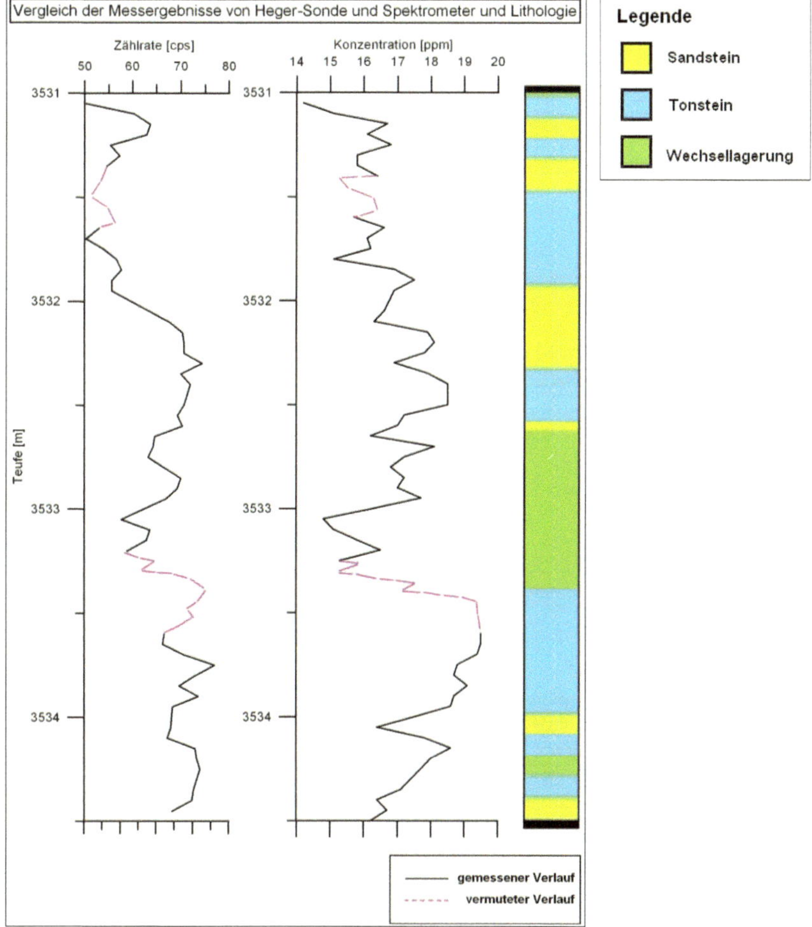

Abbildung 21: Vergleich der ungemittelten Kurven von Heger-Sonde (Zählrate) und Spektrometer (Konzentration). Nebenstehend die Lithologie. Hier abgebildet: Kernmarsch 2

Abbildung 22 zeigt einen Bohrkernmeter (3701 – 3702 m) aus der Volpriehausen-Folge. Die vier nebenstehenden Kurven geben Auskunft über die totale Konzentration der γ-Strahler sowie über die Kalium-, die Uran- und die Thoriumkonzentration in diskreten Messpunkten. Zu beachten ist, dass Kalium in %, die anderen Konzentrationen in ppm angegeben sind.

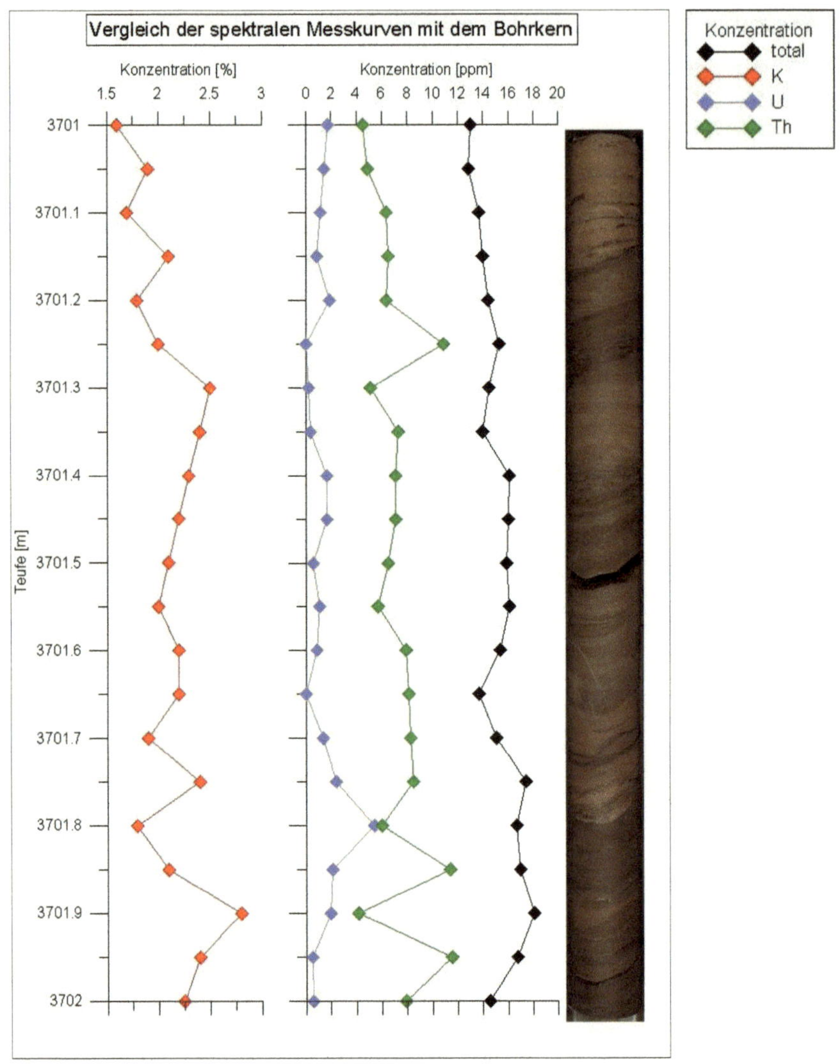

Abbildung 22: Vergleich der spektralen Messkurven mit dem entsprechenden Bohrkern (3701 – 3702 m) aus der Volpriehausen-Folge

In der totalen Messkurve spiegeln sich Sand- und Tonsteinschichten des abgebildeten Kernmeters wider. Im Allgemeinen weisen sandige Schichten niedrigere, tonige Schichten hingegen relativ hohe Konzentrationen an γ-Strahlern auf. In diesem Kernmeter zeigen die tonigen Schichten einen durchschnittlichen Anteil von mehr als 15 ppm, sandige demnach weniger als 15 ppm. Hin und wieder kommt es zu leichten "Verschiebungen" der Kurve im Vergleich zu den eindeutigen Schichten im nebenstehenden Bohrkern. Dies kann daran liegen, dass der Konzentrationsunterschied zur benachbarten Schicht sehr hoch ist und somit die in der angrenzenden Schicht entstehenden Impulse bis in den radialen Messbereich der Sonde vordringen.

Die Kaliumkurve zeigt tendentiell einen ähnlichen Verlauf wie die totale γ-Kurve. Dies ist nicht untypisch, da Kalium den größten Teil der radioaktiven Elemente im Gestein bildet (Kap. 3.4.1). Ein Minimum bzw. eine niedrige Konzentration von Kalium liegt bei stark sandhaltigen Schichten (z. B.: 3701,1 m bzw. 3701,7 m) vor, während bei tonig dominierenden Schichten (z. B.: 3701,25 m bzw. 3701,75 m) ein vergleichsweise hoher Anteil an Kalium festgestellt wurde. Die Sandsteinschicht von 3701,67 m bis 3701,8 m wird bei 3701,72 m von einer Tonlage durchzogen. Anhand des Kaliumpeaks bei 3701,75 m ist der starke Einfluss der tonigen Schicht auch noch in wenigen Zentimetern Entfernung zu erkennen. Diese integrierte Tonsteinschicht erhöht den Kalium- und somit auch den totalen Wert der Sandsteinschicht. Dies muss berücksichtigt werden, da die weitere Auswertung mit gemittelten Messkurven erfolgt. Schichten, die weniger mächtig als 5 cm sind, jedoch die γ-Kurve beeinflussen, tauchen nicht in der Lithologie auf.

Die Urankurve verläuft relativ konstant. Selten weist sie bedeutende Peaks auf. Vergleicht man den positiven Peak bei 3701,8 m mit der totalen Konzentration von Messpunkten gleicher Kalium- und Thoriumgehalte, aber geringerer Urankonzentration, so stellt man nur eine geringfügige Erhöhung der totalen Konzentration fest. Somit übt der Urangehalt kaum Einfluss auf die totale γ-Kurve aus.

Die Thoriumkurve verläuft wesentlich unruhiger als die Urankurve. Jedoch schwanken die Messwerte scheinbar zufällig um den Mittelwert. Thoriumpeaks üben einen größeren Einfluss auf die totale Kurve aus, da Thorium ingesamt eine höhere Konzentration als Uran einnimmt. Allerdings ist dieser Einfluss gering.

Im Folgenden werden die Messergebnisse der vier Kernstrecken im Detfurth- und Volpriehausen-Sandstein vorgestellt. Da bei der Kernentnahme kaum Kernverlust auftrat, konnten durchgängige Messkurven aufgenommen werden. Die Auswertung geschieht über die (über drei Messpunkte) gemittelten spektralen Kurven. Die dazugehörige Lithologie wurde von Dr. Heinz-Gerd Röhling (LBEG) unabhängig der Messkurven durch optische Betrachtung der Bohrkerne bestimmt. Die erfassten Einheiten sind: Sandstein (gelb), Tonstein (blau) und Wechsellagerung (grün). Sie wurden hier 5 cm-Intervallen wiedergegeben.

Detfurth

Die bereits in Abbildung 21 aufgeführten Messkurven und die Lithologie gehören zum Detfurth und bilden die erste Kernstrecke (Kernmarsch 2) aus dem Mittleren Buntsandstein. Die mit dem Spektrometer aufgenommene totale Kurve stimmt weitest gehend mit der optisch erfassten Lithologie überein. Die sandigen Schichten sind durch negative Peaks bzw. niedrige γ-Konzentrationen bestimmt. Die Tonsteinschichten weisen größtenteils hohe Konzentrationen sowie positive Peaks auf. Die Tonsteinschicht von 3531,55 m bis 3531,95 m ist durch die γ-Werte allerdings schlecht zu begründen. Die Kernstrecke besteht aus Ton- und Sandsteinschichten und einer Wechsellagerungsschicht von 3532,7 m bis 3533,4 m.
Da das erfasste Profil dieser Kernstrecke nur 2,8 m lang ist und keine markanten Schichten, Peaks und eindeutige Trends aufweist, ist eine Korrelation sehr schwierig. Diese Strecke wird daher keiner Teufenkorrelation unterzogen.

Abbildung 23 zeigt die spektralen Messkurven und die Lithologie entnommener Kernstrecken aus dem Detfurth (Kernmarsch 3 und 4). Das messbare Profil bildet insgesamt eine Länge von 16,33 m. In den Detfurth-Kernstrecken finden sich totale Konzentrationen zwischen 11,7 ppm und 21,4 ppm, Kaliumwerte zwischen 1,1 % und 3,7 %, Uranwerte zwischen 0 ppm und 7,1 ppm sowie Thoriumwerte zwischen 1,5 ppm und 15,6 ppm. Durchschnittlich liegen vor: eine totale Konzentration von 16,7 ppm, 2,1 % Kalium, 2,1 ppm Uran und 8,0 ppm Thorium.
Die Kernstrecke besteht überwiegend aus Ton- und Sandsteinschichten. Relativ wenig Wechsellagerungspakete sind vorzufinden. Die Lithologiesäule weist eine deutliche Dreigliederung auf: von 3546,5 m bis 3552 m dominieren Sandsteine über eine Strecke von 5,5 m. Anschließend bis 3559 m liegt eine 7 m mächtige, vorwiegend tonige Strecke vor. Von 3559 m bis 3562,83 m liegt ein 3,83 m mächtiges Sandstein dominierendes Paket vor. Dies belegt sich in der totalen γ-Kurve: Die Sandsteinpakete besitzen durchschnittliche totale Konzentrationen von etwa 15 ppm, während die Konzentrationen des mächtigen tonigen Bereichs bei etwa 18,5 ppm liegen.
Die totalen Konzentrationen nehmen trendmäßig von 3546,5 m bis 3552 m ab. Darunter steigt die Konzentration schlagartig an. Von 3553 m bis 3562,83 m nehmen die γ-Werte kontinuierlich ab. Dieser Trend ist auch bei der Kaliumkurve zu beobachten.

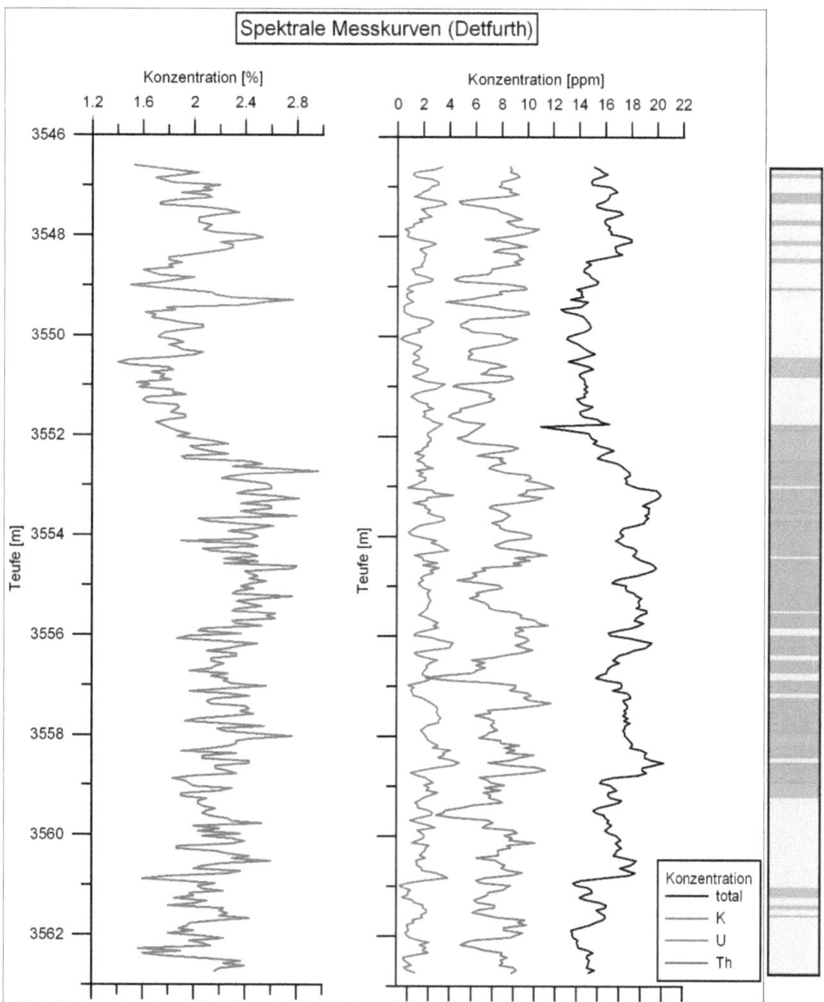

Abbildung 23: Gemittelte spektrale Messkurven der Detfurth-Formation (Kernmarsch 3 und 4) und dazugehörige Lithologie

Volpriehausen

Abbildung 24 zeigt die spektralen Messkurven und die Lithologie der 17,75 m langen Kernstrecke aus dem Volpriehausen (Kernmarsch 5). In der Kernstrecke finden sich totale Konzentrationen zwischen 12,4 ppm und 20,8 ppm, Kaliumwerte zwischen 1,3 % und 2,9 %, Uranwerte zwischen 0 ppm und 5,9 ppm sowie Thoriumwerte zwischen 2,8 ppm und 17,8 ppm. Durchschnittlich liegen vor: eine totale Konzentration von 16,5 ppm, 2,1 % Kalium, 2,0 ppm Uran und 8,1 ppm Thorium. Von den durchschnittlichen Elementgehalten besteht hier kaum ein Unterschied zum Detfurth, ihre Spannweite ist jedoch geringer.

Die Volpriehausen-Kernstrecke setzt sich überwiegend aus Wechsellagerungs- und Sandsteinschichten zusammen. Relativ wenig Tonsteinschichten sind vorzufinden. Drei Sandsteinschichten stechen innerhalb der Lithologie besonders hervor: zwei 1,2 m mächtige Schichten von 3693,5 m bis 3694,65 m und von 3697 m bis 3698,2 m. Erstere wird von Tonsteinschichten umschlossen, welche markante Peaks sowohl bei den totalen Konzentrationen, als auch bei den Kalium- und Thoriumgehalten aufzeigen. Von 3699,45 m bis 3701,15 m befindet sich eine 1,7 m mächtige Sandsteinschicht. Darin eingeschlossen liegen zwei Lagen mit einer Mächtigkeit von insgesamt 0,15 m. Die beiden Schichten sind an einem positiven totalen Peak erkennbar.

Die totale Kurve unterliegt einem Trend. Von 3686,15 m bis 3690 m fällt die Kurve ab und steigt dann auf ein Maximum. Von 3690,2 m bis 3702,75 m nimmt die Konzentration wieder kontinuierlich ab.

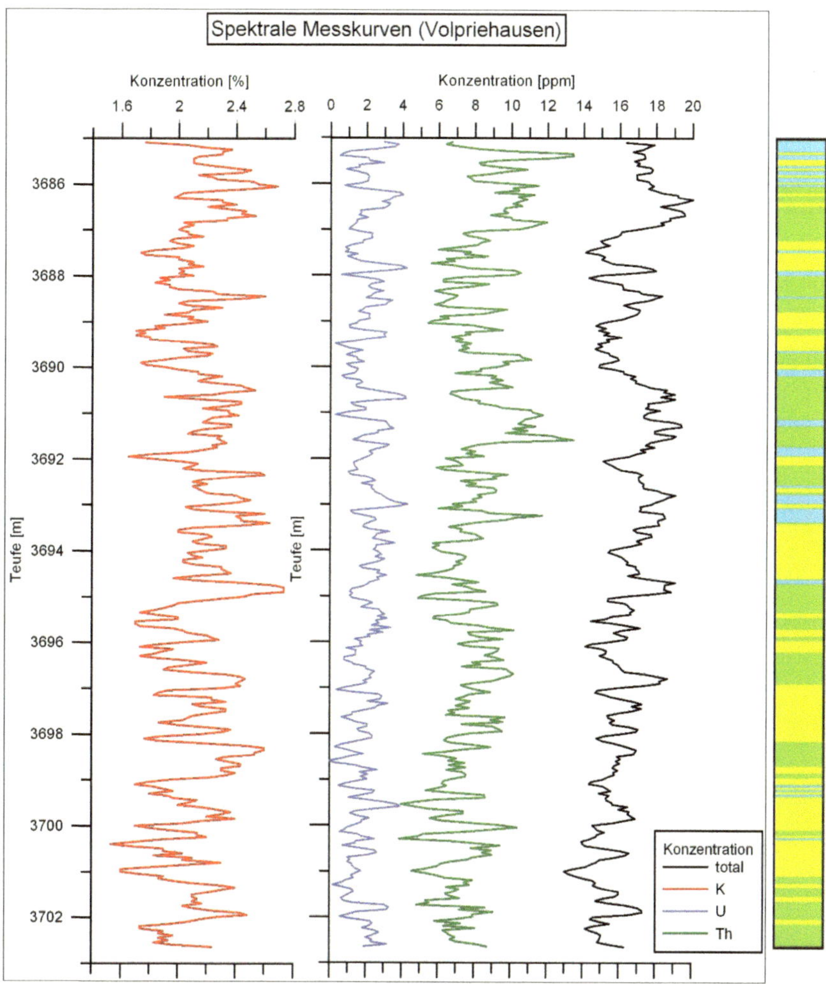

Abbildung 24: Gemittelte spektrale Kurven der Volpriehausen-Formation (Kernmarsch 5) und dazugehörige Lithologie

Weitere Interpretationsansätze

Da Tonminerale Schichtsilikate sind, besitzen sie große Adsorptionsoberflächen. Je feinkörniger bzw. kaliumreicher das Material ist, umso größer ist die Adsorptionskapazität für Thorium. Tonminerale überdecken in den Kalium-Thorium-Verhältnissen charakteristische Werte-Bereiche (Fricke & Schön, 1999). Aus den Verhältnissen der beiden Elemente erhält man eine Abschätzung der im Gestein vorhandenen Tonminerale. Die nachstehende Abbildung zeigt ein interpretatives Modell zur Tonmineralidentifikation. Vermutungen des Fachpersonals des GZHs zufolge werden die Formationen des Mittleren Buntsandsteins einen hohen Anteil an Smektit und Kaolinit aufweisen.

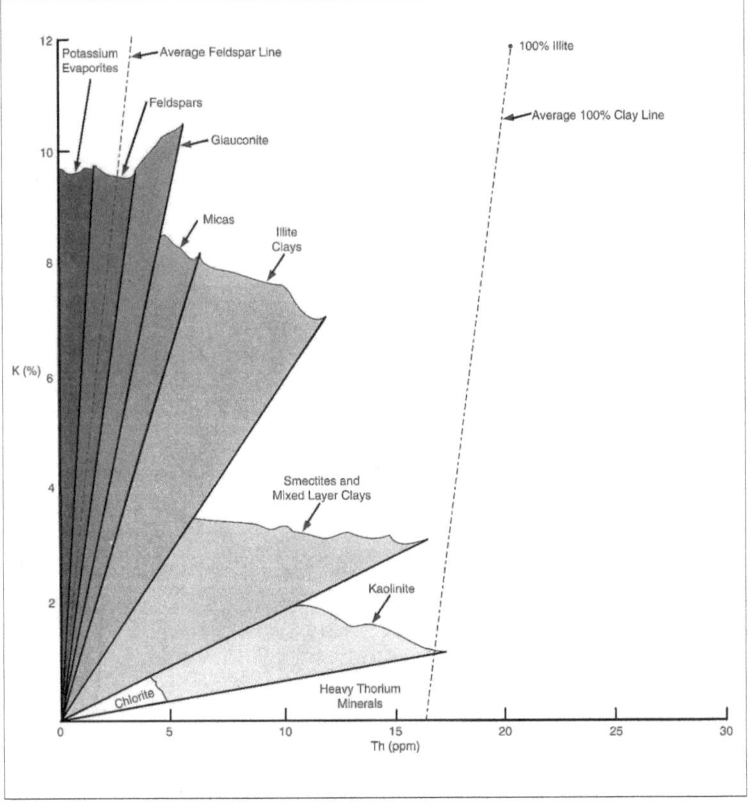

Abbildung 25: Ein interpretatives Modell zur Tonmineralidentifikation für spektrale γ-Messung (Western Atlas, 1985)

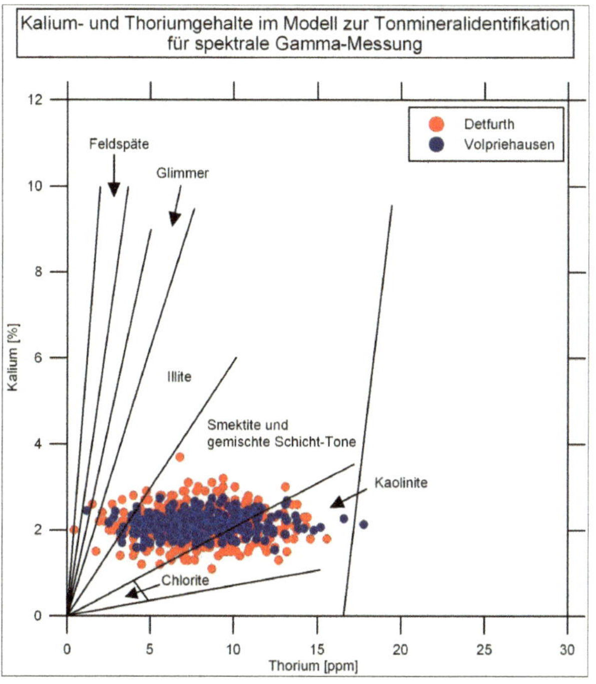

Abbildung 26: Tonmineralidentifikation für das Detfurth- und Volpriehausenkernmaterial

In Abbildung 26 sind die Kalium- und Thoriumgehalte der Detfurth- und Volpriehausen-Kernstrecken gegeneinander dargestellt. Alle gemessenen Werte, sowohl der Ton- als auch der Sandsteine sind für die Interpretation benutzt wurden. Da reiner Sandstein theoretisch keine strahlenden Elemente enthält, wird davon ausgegangen, dass radioaktive Elemente aus integrierten bzw. benachbarten Tonlagen die Messwerte der sandigen Schichten verursachen.

Die Kaliumwerte sind relativ konstant, während die Thoriumkonzentrationen eine verhältnismäßig große Spannweite einnehmen. Laut dem Modell (Abbildung 25) sind hauptsächlich Smektite und gemischte Schicht-Tone, Kaolinite und Illite vertreten. Das Kernmaterial der Detfurth- und der Volpriehausen-Formation unterscheidet sich nur geringfügig voneinander. Die Detfurth-Kerne weisen etwas größere Variationen in den Kalium- und Thoriumgehalten auf. Die durch das Fachpersonal des GZHs geführten Vermutungen über vorhandene Tonminerale wurden durch das Modell belegt.

5.2 Ergebnisse der Bohrlochmessung

Neben den Sonden, die nach der Fertigstellung des Bohrlochs eingesetzt werden und zu sogenannten Bohrlogs führen, gibt es Messgeräte, die direkt während des Bohrens Messwerte aufnehmen. Diese γ-Kurven werden mit dem Kürzel MWD (Measurement While Drilling) bezeichnet. Die MWD-Kurve wurde durch die Firma Geodata erstellt. Ebenfalls wurde ein erster Interpretationsversuch der Lithologie durchgeführt. Die Auflösung der Lithologie liegt hier in einem Bereich von etwa 35 cm.

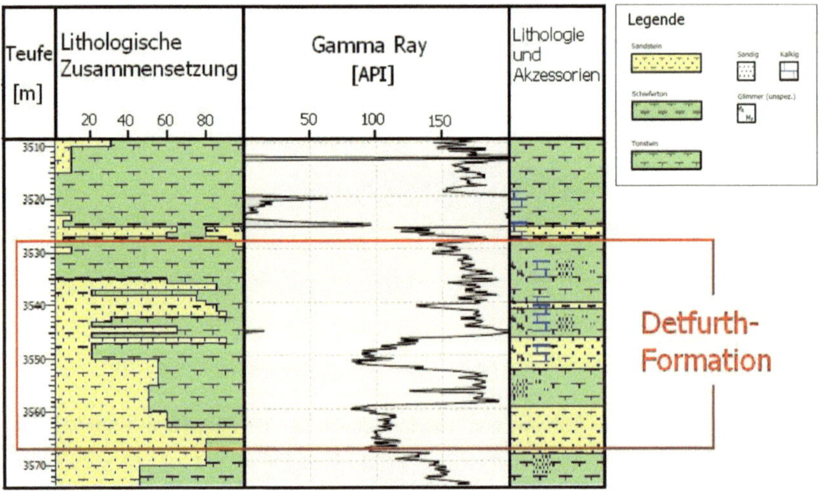

Abbildung 27: Teufe, lithologische Zusammensetzung, MWD-γ-Kurve sowie Lithologie und Akzessorien der Detfurth-Formation (Quelle: Geodata)

Zwei mächtige Sandsteinschichten liegen innerhalb der Lithologie der Detfurth-Formation. Diese schließen eine tonige Schicht ein. Die Mächtigkeit der obersten sandigen Schicht beträgt 5,5 m, die der Tonsteinschicht 7 m (siehe Abb. 27). Damit ist die Lage der Detfurth-Kernstrecke (3546,5 – 3563 m) innerhalb der MWD-Kurve identifiziert.

Für die Volpriehausen-Strecke (3685 – 3702,83 m) gibt es keine MWD-Kurve, jedoch eine lithologische Interpretation von der Firma Geodata. Die entnommene Kernstrecke würde demnach fast komplett im Sandstein liegen. Lediglich den oberen Bereich der Kernstrecke fände man im tonigen Bereich der Volpriehausen-Wechselfolge wieder.

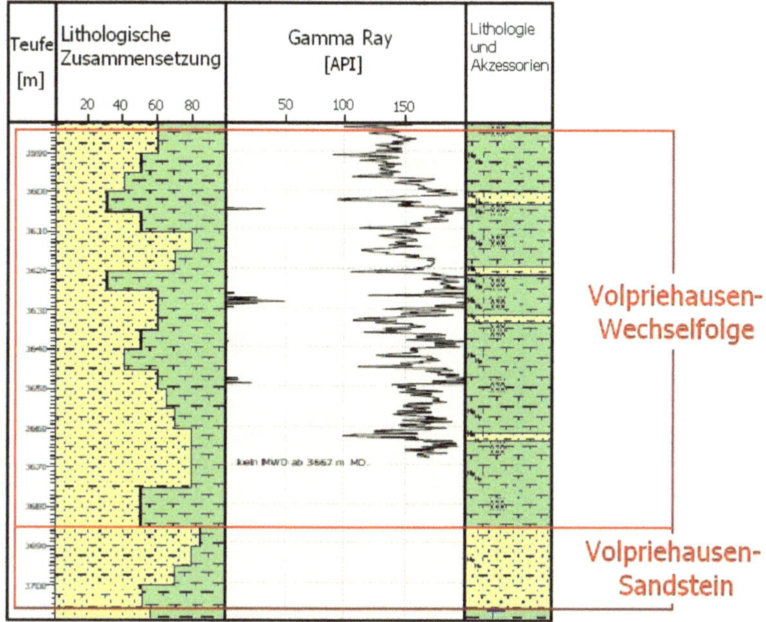

Abbildung 28: Teufe, lithologische Zusammensetzung, MWD-γ-Kurve sowie Lithologie und Akzessorien des Volpriehausen-Sandsteins und -Wechsellagerung (Quelle: Geodata)

Durch die spektralen Messungen und die optische Lithologieerfassung der Bohrkerne wurde in der Strecke von 3685 m bis 3686 m eine Vielzahl von Tonsteinschichten identifiziert (siehe Abb. 24), diese gehören zur tiefsten Volpriehausen-Wechselfolge. Der weitere Teil der Volpriehausen-Strecke (3686 – 3702,83 m) wurde mit Sand- und Wechsellagerungsschichten angesprochen. Er liegt im Volpriehausen-Sandstein (siehe Abb. 28).

Nachfolgend sind ausgewählte Bereiche des GR-Bohrlogs aufgeführt, mit denen die entnommenen Kernstrecken später korreliert werden sollen. Da nicht bekannt ist, wo genau die Kernstrecken innerhalb des Bohrlogs liegen, wurde die Teufe der Kernstrecken um 6 m beidseitig erweitert. Abbildung 29 zeigt großräumige Trends, welche einen besseren Anhaltspunkt für die Korrelation ermöglichen.

Da das Kaliber keine auffälligen Ausbrüche aufzeigt, können die Kurven ohne weitere Korrekturen oder besonderer Berücksichtigung einzelner Teufenpassagen zur Korrelation benutzt werden.

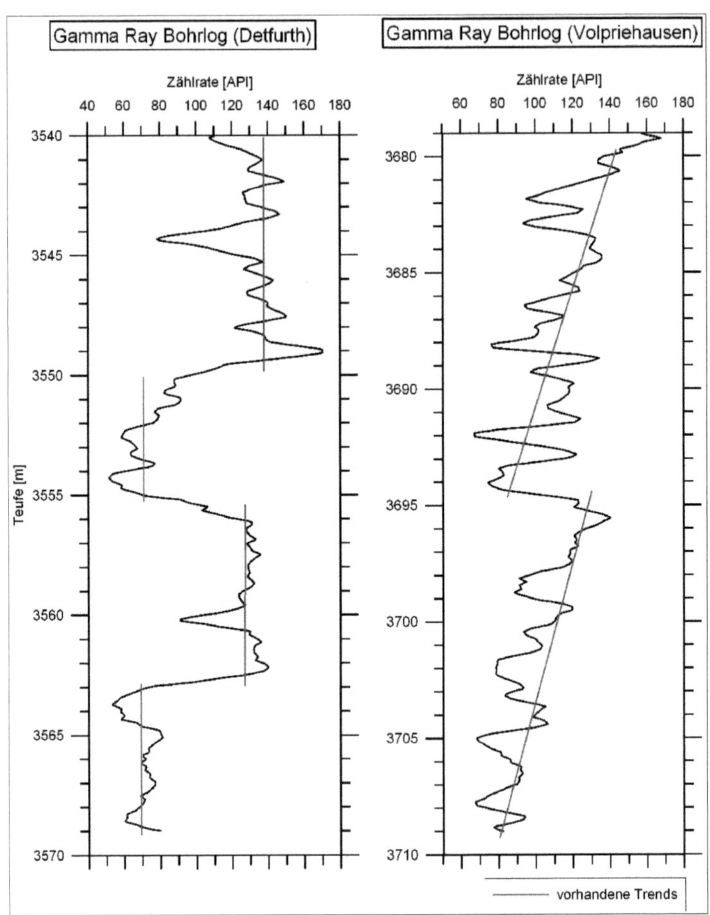

Abbildung 29: Gamma Ray Bohrlog ausgewählter Detfurth- und Volpriehausen-Teufen und vorhandene Trends

Das Bohrlog der Detfurth-Formation weist eine klare Abgrenzung zwischen niedrigen und hohen γ-Werten bzw. zwischen sandig und tonig dominierenden Gesteinsschichten auf. Zu sehen ist eine sprunghafte Veränderung der Kurve bei einer Schichtgrenze und etwa gleichbleibende Werte innerhalb einer Schicht. Das Bohrlog der Volpriehausen-Formation weist von oben nach unten kontinuierlich sinkende γ-Werte auf. Nach einem Minimum (bei 3694 m) folgt ein rascher Anstieg und darunter erneut ein stetiger Abfall der Zählrate.

6 Auswertung

Anhand der in Kapitel 5 dargestellten Auswertungskurven (totale Kurve der spektralen Messungen, GR-Bohrlog und MWD-Kurve) soll die Teufe korreliert werden. Die Korrelation wurde mit Hilfe der Lithologie sowie vorhandener Trends und markanter Peaks der γ-Kurven manuell durchgeführt. Die Kernmärsche 3 bis 5 wurden einer Korrelation unterzogen, Kernmarsch 2 hingegen wird, wie bereits erläutert, bei der Auswertung ausgelassen.

Bei den beiden Kernstrecken aus der Detfurth-Formation (Kernmarsch 3 und 4) ist die Korrelation relativ eindeutig durchzuführen. Die mächtigen Sedimentgesteinsschichten der Dreigliederung (Sand-, Ton- und Sandstein) lassen sich im Bohrlog ohne Probleme wiederfinden. In Abbildung 30 sind die γ-Kurve des Bohrlogs, die MWD-Kurve und die γ-Bohrkernmessungen nebeneinander dargestellt. Die roten Linien sind Korrelationsgeraden. Die Geraden bei 3555,3 m und 3563 m (Bohrlogteufe) schließen die Tonsteinschicht ein. Die dazwischen liegende Linie bei 3566,2 m weist eine deutlich niedrige Zählrate bzw. Konzentration innerhalb der Tonsteinschicht auf. Oberhalb der Teufe von 3552 m folgt ein erster Anstieg der γ-Werte; deshalb wurde dort eine Hilfslinie zur Korrelation gezogen. In Abbildung 31 wurden die einzelnen Graphen entsprechend den Korrelationsgeraden verschoben. Zwischen MWD-Kurve und Bohrkernmessungen besteht ein Versatz von 0,7 m. Der Versatz zwischen GR-Bohrlog und Bohrkernmessungen ist wesentlich größer. Er beträgt 3,25 m.

Abbildung 32 zeigt das γ-Bohrlog und die Kernmessungen des Volpriehausen. Die Korrelation des Bohrlogs und der Volpriehausen-Bohrkerne war weniger eindeutig. Die Kernmessungen weisen eine sehr unruhige Kurve auf. Auch eine Mittelung über zehn Messpunkte brachte keine eindeutigere γ-Kurve hervor. Da die Schichtpakete der Volpriehausen-Kernstrecke nur eine maximale Mächtigkeit von 1,7 m aufweisen, sind diese nicht eindeutig im Bohrlog zu identifizieren. Deshalb basiert die Korrelation überwiegend auf dem Trend des γ-Bohrlogs. Der Trend von 3694,5 m bis 3701 m erreicht bei ca. 3694,5 m ein Maximum. Dort wurde eine Korrelationsgerade gesetzt. Eine weitere Linie wurde bei ca. 3692 m in einem negativen Peak gesetzt. Diese beiden Linien schließen einen kleinräumigen Trend ein; das Maximum dieses Trends befindet sich oberhalb der Gerade bei 3692 m. Die Gerade bei 3699,3 m führt durch einen – zumindest bei den Bohrkernmessungen herrausstechenden – Peak. Abbildung 33 zeigt die einzelnen Graphen, welche entsprechend den Korrelationsgeraden verschoben wurden. Zwischen GR Bohrlog und Bohrkernmessungen der Volpriehausen-Strecke ist ein Versatz von 4,5 m vorzufinden.

Zusammenfassend sind die Ergebnisse der Teufenkorrelation der Detfurth- und Volpriehausen-Formation aus dem Mittleren Buntsandstein dargestellt:

	Kernmarsch 2 Detfurth	Kernmarsch 3 und 4 Detfurth	Kernmarsch 5 Volpriehausen
Versatz	**Bohrkernmessungen**		
GR-Bohrlog	–	3,25 m	4,5 m
MWD-Kurve	–	0,7 m	–

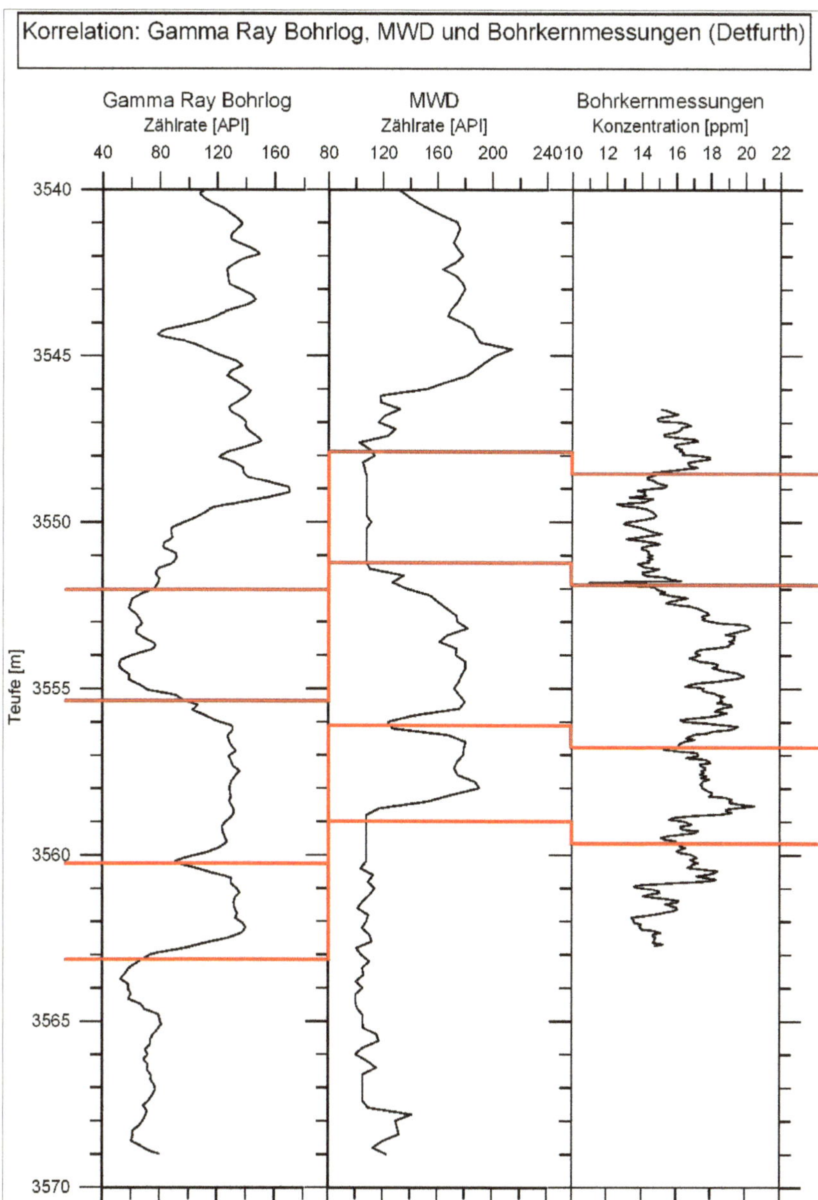

Abbildung 30: Gamma Ray Bohrlog, MWD und Bohrkernmessungen der Detfurth-Kernstrecken 3 und 4; in Rot: Korrelationsgeraden

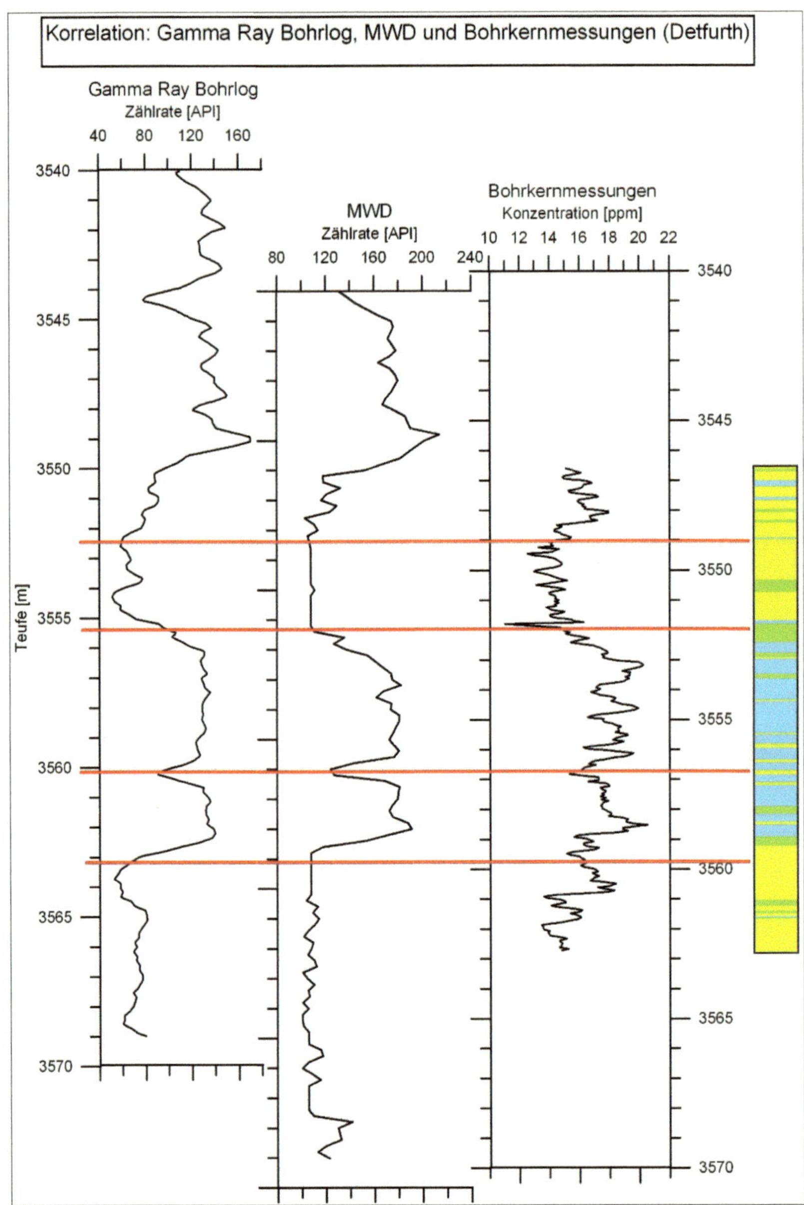

Abbildung 31: Gamma Ray Bohrlog, MWD, Bohrkernmessungen und Lithologie der Detfurth-Kernstrecken 3 und 4 nach der Teufenkorrektur

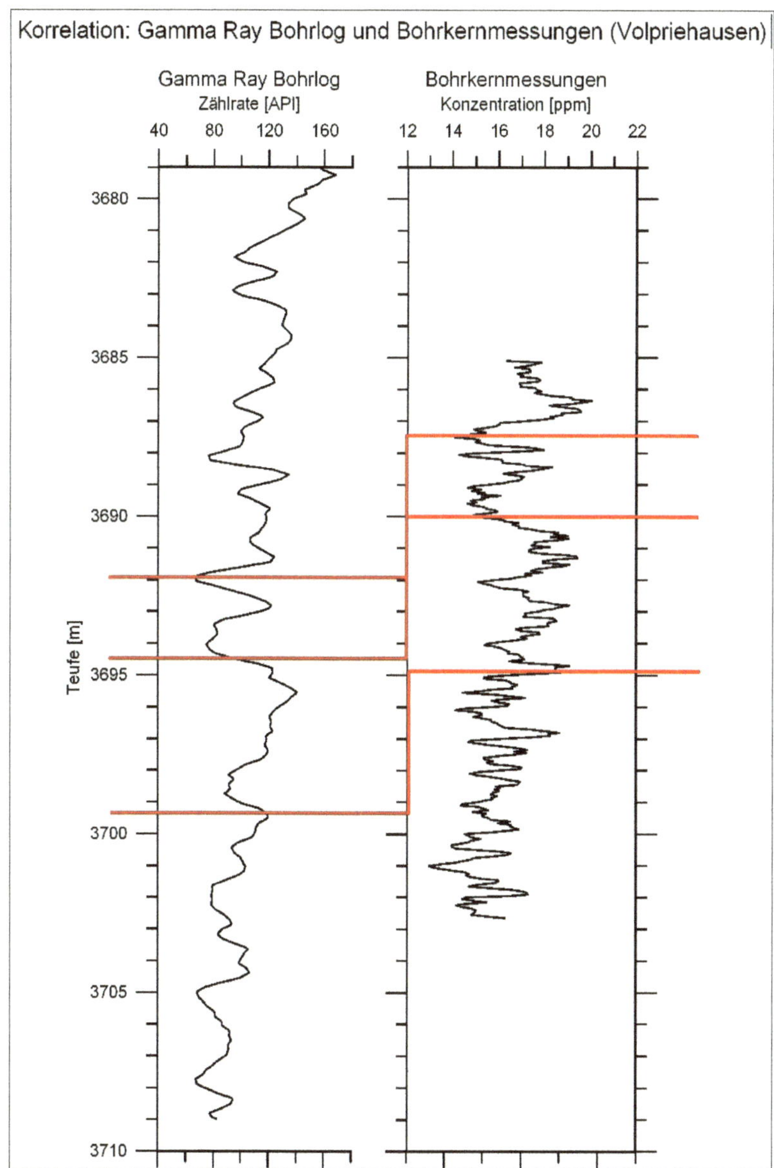

Abbildung 32: Gamma Ray Bohrlog und Bohrkernmessungen der Volpriehausen-Kernstrecke 5; in Rot: Korrelationsgeraden

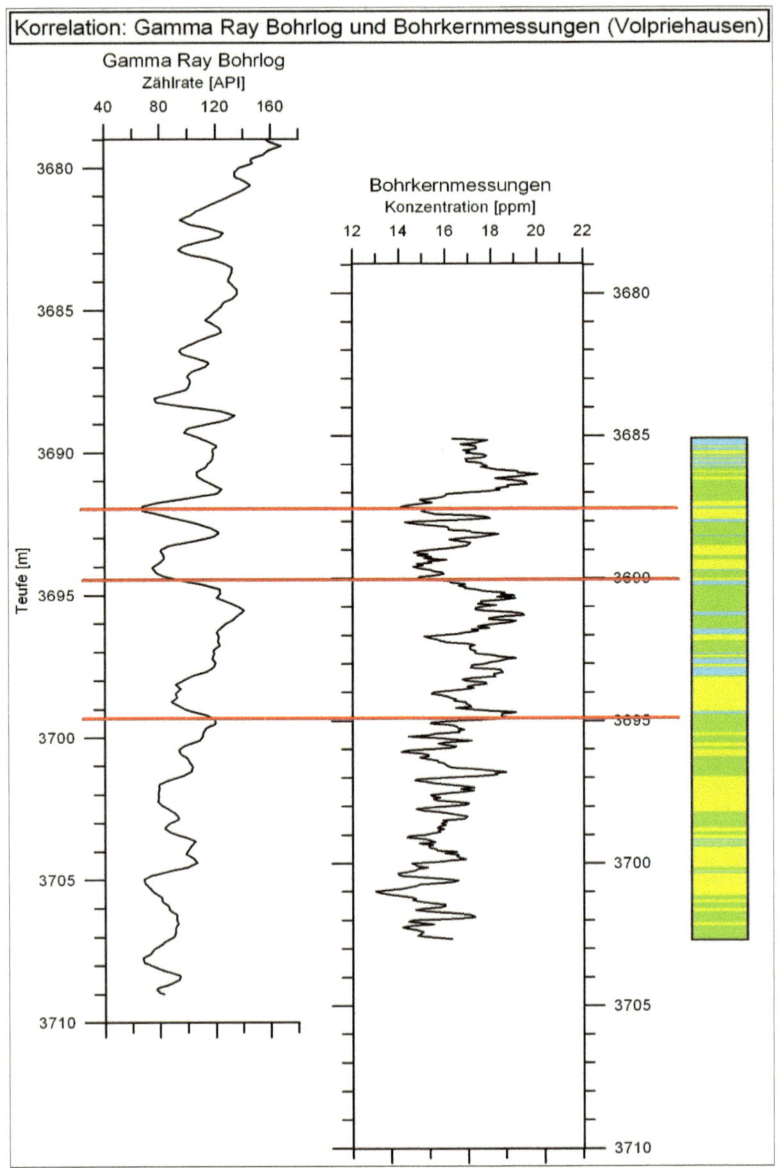

Abbildung 33: Gamma Ray Bohrlog, Bohrkernmessungen und Lithologie der Volpriehausen-Kernstrecke 5 nach der Teufenkorrektur

7 Zusammenfassung

Die vorliegende Arbeit steht im Verbund mit dem GeneSys-Projekt, dessen Ziel die Realisierung der geothermischen Nutzung von geringporösen und wenig durchlässigen Sedimentgesteinen ist, um damit den Wärmebedarf des Geozentrums Hannover zu decken. Dazu sollen Sandsteinschichten von Formationen, die mögliche Ziel- und Re-Injektionshorizonte darstellen, hydraulisch miteinander verbunden werden. Anhand einer Korrelation zwischen Bohrkern- und Bohrlochteufen ist eine genaue Bestimmung der Teufen der Sandsteinhorizonte der Detfurth- und Volpriehausen-Formation möglich. Mit Hilfe von radiometrischen Messungen wurden die Bohrkerne dieser Formationen untersucht, um sie später mit dem Bohrlog und der MWD-Kurve zu vergleichen. Die Messungen erfolgten jeweils durch einen Szintillationszähler.

Es wurden sowohl integrale als auch spektrale Messungen an den Bohrkernen durchgeführt. Die Hegersonde erfasste die natürliche γ-Strahlung der Gesteine integral. Die Spektrometer-Messungen ergaben neben der totalen γ-Strahler-Konzentration den direkten Anteil der Elemente Kalium, Uran und Thorium. Zur Auswertung wurde jedoch auf die spektralen Messungen zurückgegriffen, da ihnen ein viel geringerer relativer Fehler anhaftet. Weiterhin wurde von der Firma Schlumberger die natürliche γ-Strahlung der Gesteine im Bohrloch gemessen. In einigen Intervallen der Bohrung erfasste die Firma Geodata die γ-Strahlung während des Bohrens.

Die manuelle Korrelation wurde zwischen der totalen Kurve der spektralen Kernmessungen, dem GR-Bohrlog und der MWD-Kurve durchgeführt. Bei der Detfurth-Kernstrecke (Kernmarsch 3 und 4) wurde zwischen MWD-Kurve und Kernmessungen ein Versatz von 0,7 m festgestellt. Der Versatz zwischen Bohrlog und Kernmessungen beträgt 3,25 m. Bei der Volpriehausen-Kernstrecke (Kernmarsch 5) wurde zwischen Bohrlog und Kernmessungen ein Versatz von 4,5 m bestimmt. Kernmarsch 2 aus der Detfurth-Formation ließ sich aufgrund der geringen Länge, der unmarkanten Lithologie und der trendlosen γ-Kurve nur schwierig im Bohrlog wiederfinden. Diese Strecke wurde daher nicht zur Korrelation verwendet.

Durch weitere Interpretationen des Bohrlogs kann die Lithologie des Untergrundes erfasst werden. Somit können die Sandsteinschichten teufenmäßig exakt bestimmt und wichtige Entscheidungen über das weitere Vorgehen im GeneSys-Projekt (z. B. Festlegung der Frac-Horizonte) getroffen werden.

8 Ausblick

Anhand der Korrelation ist eine genaue Bestimmung der Teufen der Sandsteinhorizonte der Detfurth- und Volpriehausen-Formation möglich. Somit können die weiteren Arbeiten im GeneSys-Projekt umgesetzt werden. Mitte Juni erfolgte die Perforation der Verrohrung in den Zielhorizont des Volpriehausen-Sandsteins (3703 m bis 3709 m Logteufe). In der darauffolgenden Woche testete man durch Anwendung der Wasserfrac-Technik, ab welchem Druck sogenannte Mini-Fracs entstehen. Dabei war erst einmal irrelevant, ob die erzeugten Risse im Untergrund geöffnet blieben. Bei einem Druck von etwa 370 bar öffneten sich unter Benutzung von geringen Wassermengen Rissflächen. Die Verrohrung im zweiten Bohrabschnitt zwischen 1325 m und 2755 m hält nur einem Druck von ewa 450 bar stand. Da der geplante massive Wasserfrac mit weitaus höheren Drücken als 370 bar einhergeht, soll eine noch einzubauende Schutzverrohrung diesen Bohrabschnitt stabilisieren. Die damit verbundenen Arbeiten verzögern das GeneSys-Projekt um ca. drei Monate, sodass der massive Wasserfrac voraussichtlich im November 2010 stattfinden wird. Dieser soll den Volpriehausen- mit dem Detfurth-Sandstein verbinden.

Zur Ortung der entstandenen Risse wurde ein mikroseismisches Netzwerk mit Geophonen in einigen 100 m tiefen Beobachtungsbohrungen installiert (Hesshaus et al., 2010). Außerdem wird eine Bohrloch-Geophon-Sonde unmittelbar nach dem hydraulischen Test in der Nähe des Fracs die Rissausbreitung registrieren. Das Wissen des genauen Rissverlaufs dient der weiteren Erprobung der geothermischen Konzepte. Neben Temperaturmessungen im Bohrloch wird eine VSP-Messung (Vertical Seismic Profile) durchgeführt. Diese dient dazu, die seismischen Profile zu reprozessieren. Auch chemische Untersuchungen werden in allen Phasen der Erschließung getätigt, da vorallem Ausfällungs- und Korrosionsprozesse die Wahl der technischen Ausrüstung der Heizzentrale bestimmen.

Der nächste Schritt ist die Erprobung eines der beiden Nutzungskonzepte: Konzept 1, in welchem die Wasserzirkulation zwischen zwei hydraulisch miteinander verbundenen, porösen Sandsteinschichten erprobt werden soll, kann nicht realisiert werden. Ursache dafür ist, dass der Detfurth-Sandstein eine sehr geringe Porosität und Permeabilität besitzt. Somit ist es nicht möglich, das heiße Wasser innerhalb des Detfurth-Sandsteins in die Bohrung zurückzufördern. Hingegen soll Konzept 2 zur Anwendung kommen. In diesem wird kaltes Wasser direkt in die Rissfläche hineingepresst, wärmt sich auf und wird danach als heißes Wasser zutage gefördert. Daher werden die Förder- und Injektionstests für das zyklische Verfahren konzipiert. Diese Tests werden vermutlich Anfang 2011 durchgeführt. Die gewonnenen Ergebnisse werden dazu benutzt, um die geothermische Heizzentrale zu planen. In der Heizzentrale wird dem heißen Wasser über Wärmetauscher Heizenergie entzogen. Die geothermische Anlage zur Beheizung des Geozentrums Hannover ist auf eine thermische Leistung von 2 MW ausgelegt. Ihre Fertigstellung soll im Jahre 2013 erfolgen.

Literatur

Becker, A. (2005): Hallesches Jahrbuch für Geowissenschaften, Reihe B: Geologie, Paläontologie, Mineralogie, Sequenzstratigraphie und Fazies des Unteren und Mittleren Buntsandsteins im östlichen Teil des Germanischen Beckens (Deutschland, Polen). Institut für Geologische Wissenschaften und Geiseltalmuseum im Fachbereich Geowissenschaften der Martin-Luther-Universität Halle-Wittenberg, Halle, 117 S.

Boigk, H. (1959): Zur Gliederung und Fazies des Buntsandsteins zwischen Harz und Emsland (S. 579 – 636). Geologischer Jahresbericht 76, Hannover.

Economides, M.J. & Nolte, K.G. (2000): Reservoir Stimulation, 3rd edition. John Wiley & Sons Ltd, NY, Chichester, 750 S.

Faupl, P. (2000): Historische Geologie. WUV Universitätsverlag, Wien, 270 S.

Fricke, S. & Schön, J. (1999): Praktische Bohrlochgeophysik. ENKE im Georg Thieme Verlag, Stuttgart, 254 S.

Hesshaus A., Eichhorn, P., Gerling, J.P., Hauswirth, H., Hübner, W., Jatho, R., Kosinowski, M., Orilski, J., Pletsch, T., Tischner, T., Wonik, T. (2010): Das GeneSys-Projekt – erfolgreiches Abteufen der Geothermiebohrung. DGMK-Tagungsbericht 2010-1, Celle, 7 S.

Jung, R., Orzol, J., Kehrer, R., Jatho, R. (2006): Verbundprojekt GeneSys, Vorstudie-Erprobung der Wasserfrac-Technik und des Einsonden-Zweischichtverfahrens für die Direktwärmenutzung aus geringpermeablen Sedimentgesteinen. GGA-Institut und BGR, 70 S.

LBEG (2007): Erdgeschichte von Niedersachsen, Geologie und Landschaftsentwicklung. Landesamt für Bergbau, Energie und Geologie, Hannover, 85 S.

Lehnert, K. & Rothe, K. (1962): Geophysikalische Bohrlochmessungen. Akademie-Verlag, Berlin, 300 S.

Militzer, H., Weber, F. (1985): Angewandte Geophysik, Band 2, Geoelektrik – Geothermik – Radiometrie – Aerogeophysik. Springer-Verlag Wien/Akademie-Verlag Berlin, 371 S.

Rider, M. (1996): The geological interpretation of well logs. Whittles Publishing, Caithness, 280 S.

Riess Zurbuchen, M. (2005): Natürliche Gammastrahlung von Gesteinen der Devon/Karbon-Grenze aus spektralen Messungen im Labor und in Bohrlochmessungen, Diplomarbeit. Rheinisch-Westphälische Technische Hochschule Aachen, 105 S.

Röhling, H.-G. (2009): Bohrung Groß Buchholz 1 – Kernaufnahme Buntsandstein. 16 S.

Rózsa, S. (1987): Radiometrische Messungen in der Industrie. Akadémiai Kiadó, Budapest/Franzis-Verlag GmbH, München, 291 S.

Serra, O. & Serra L. (2000): Diagraphies, Aquisition & Applications. Editions Serralog.

Stanley, S.M. (1994): Historische Geologie. Spektrum Akademischer Verlag, Heidelberg, 632 S.

Stolz, W. (2005): Radioaktivität, Grundlagen – Messung – Anwendungen, 5. Auflage. B.G. Teubner Verlag, Wiesbaden, 215 S.

Tauchnitz, M. (2005): Informationsgehalt radiometrischer Verfahren zur Bodenartenquantifizierung, Diplomarbeit. Technische Universität, Bergakademie Freiberg, 109 S.

v. Daniels, C.H. & Knoll, J. (1998): Bericht der Naturhistorischen Gesellschaft Hannover, Der Untergrund von Hannover und seiner Umgebung (Baldschun, R. & Kockel, F.). Geozentrum Hannover, 201 S.

Walter, R. (2007): Geologie von Mitteleuropa, 7. Auflage. E. Schweizerbart'sche Verlagsbuchhandlung, Stuttgart, 511 S.

Western Atlas (1985): Log Interpretation Charts. Atlas Wireline Services, Houston, USA.